今天我过得不太好，但明天可不一定喔

This Is How You Grow After Trauma

〔加〕奥利维亚·雷姆斯 著

胡敏 译

贵州出版集团
贵州人民出版社

版权贸易合同审核登记图字：22-2024-114

图书在版编目（CIP）数据

今天我过得不太好，但明天可不一定喔 ／ （加）奥利维亚·雷姆斯著；胡敏译. -- 贵阳：贵州人民出版社，2024.10. -- ISBN 978-7-221-18564-8

Ⅰ．B84-49

中国国家版本馆CIP数据核字第2024EZ0690号

Copyright © Dr. Olivia Remes 2023
First published as This Is How You Grow After Trauma in 2023 by Ebury Press, an imprint of Ebury Publishing. Ebury Publishing is part of the Penguin Random House group of companies.
Copies of this translated edition sold without a Penguin sticker on the cover are unauthorised and illegal.

JINTIAN WO GUODE BUTAIHAO DAN MINGTIAN KE BUYIDING O
今天我过得不太好，但明天可不一定喔
[加]奥利维亚·雷姆斯　著　胡敏　译

出 版 人	朱文迅
策划编辑	陈继光
责任编辑	刘　妮
装帧设计	Yuutarou
责任印制	赵　明　赵　聪

出版发行	贵州出版集团　贵州人民出版社
地　　址	贵阳市观山湖区会展东路SOHO办公区A座
印　　刷	凯德印刷有限公司
版　　次	2024年10月第1版
印　　次	2024年10月第1次印刷
开　　本	880毫米×1230毫米　1／32
印　　张	7.5
字　　数	112千字
书　　号	ISBN 978-7-221-18564-8
定　　价	58.00元

如发现图书印装质量问题，请与印刷厂联系调换;版权所有，翻版必究;未经许可，不得转载。

献给我的妈妈

代 序

过去十年间,我一直在剑桥大学从科学的角度研究有关幸福与直面逆境而成长的课题。我与成百上千位受访者聊过他们曾经面对的种种磨难,以及他们是如何走出逆境的。研究课题和我对成长科学的追求促使我查阅了大量的学术文献,阅读了数百份研究报告。十年来兢兢业业的工作,让我得以记录下历经艰辛后成长的要素和本质,我将在本书里与你们一一分享。

本书为那些经历过包括创伤在内的艰难时期的人而写,我的写作初衷是希望你们能因此找到奋勇前行的方向。本书将告诉你如何在困境中逆袭成为一个更自信、更自立、更坚强的人,以及如何做回曾经活力四射的自己。

有一天,我在埋头研究的时候,偶然间发现了一篇文章,正是它改变了我的研究轨迹,也改变了我的人生。这篇文章讲述了一群饱经风霜的人是如何因为这些经历而成长的。他们中有的人病魔缠身,有的人遭遇不测,有的人蒙受损失，有的人惨遭抛弃，还有的人不幸失业，他们在深受折磨的同时也在改变着自己。他们确实很痛苦，但与此同时，他们的内心也在发生着深刻的变化。其后的几年，我有了一个重大的发现：这么多年来，关于这类成长的研究层出不穷，却从未真正进入过公共领域。而当我读到这篇文章的时候，我感受到了它向我投射的那道充满希望的光。

本书呈现给你的是一种深刻的改变，是一记警钟，让你分清自己生活中那些事情的轻重缓急。它就像一个冰桶，把你从沉睡中唤醒，而我们许多人终其一生都过得浑浑噩噩。我发现自己的内心有个声音在说："如果每个人都意识到了这一点，结果又会怎样？"

当你身处逆境时，危机会让你明白什么才是重要的。你开始更加坦然地接受人生中的经历。你开始觉察到新的可能性，意识到你比自己想象中更需要别人，并对人生萌发出一种全新的理解，这在你碰壁之前是不曾领悟到的。我给 Vogue 杂志写过一篇关于此类话题的文章，这篇文章后来在全球都发表过。我发现全世界的人都想"科学证明希望是存在的"，我们是可以在遭遇挫折和创伤后复原的。没错，我们的确可以做到。

不仅如此，即使身处最凄惨的境地，也有人能不畏磨难而获得成长，而另一些人的状态则每况愈下。有些人在面临巨大压力时能够保持健康，而另一些人则做不到。为什么有些人做得更好呢？区别就在于可以培养的内在力量。我们将在本书中探讨这些现象，以及其他的关键因素。

我想通过我所做的研究和采访来帮助人们从他们的遭遇中得到治愈。所以，我写下了这本书。我写书的本意是帮助人们重新找到第一缕阳光，让他们认识到成长需要付诸哪些行动。

我们在本书中并没有对困难抱持轻松的态度。面对困难，我们决不能掉以轻心。直面人生中的困境或许很难。它会影响你的心理健康，增加焦虑和抑郁的风险。如果你遇到了严重的问题，比如，收到让你难以接受的消息，被人欺负，或者面对会让你精神受创的人际关系障碍，你都有可能会情绪低落。或许你还会因为发生的某些事而忧心忡忡。所以，要应对危机或冲击并不容易。但是，当你努力适应这个新的残酷现实时，你也在成长。

我们将探讨以下几个要点：

艰难时期和精神创伤　我会告诉你在经历创伤和严峻的挑战后让你重振旗鼓的内在力量是什么。这会让你感觉自己再次掌控了人生。

感恩　我会告诉你为什么感恩的心态很重要，以及如何重新燃起对生活的感激之情。

人际关系　我们将学习如何与他人建立联系，以及如何与自己建立更牢固的关系。

复原力　如果你在人生的某个方面不太顺利（比如工作或私生活），我可以分享一些你现在就可以做的事情，让你重新找回自信。

情绪　我会告诉你如何改变那些影响你的思维模式，以及治疗有毒思维的解药。

动机和毅力　如果你生活不顺或者情绪低落，就很容易沉湎于不良行为或者不良嗜好中。我会告诉你如何改变那些阻碍你前进的行为，以及如何培养动机和毅力去实现你的目标。

本书的核心内容分为以下五个部分：

感恩、人际关系、复原力、情绪和希望。

每一部分内容都分两章进行陈述。前一章设置场景，讨论主题背后的理论依据或背景，后一章介绍对应的策略和练习：其中一些的确非常实用，而另一些则更加巧妙，有助于提高自我意识。后一章从应急策略入手，如果你正巧在处理某个难题或危机，这些策略会有立竿见影的效果。再切入长期应对策略，它们是你未来长期计划的一部分。这本书以研究为基石，里面的案例都是真实存在的。

如果感觉自己状态不太好，并且到目前为止，你一直在尝试各种方法试图过上你想要的生活，但都没有成功，那就让我们忘掉过去，重新开始吧。把那些于事无补的书、文章和别的东西都收起来，让我给你指明一条全新的道路。

跟着我一起出发，迎接更美好的明天吧。

目 录

第1章 身处逆境、压力山大时,如何复原 1
第2章 感恩:建立积极性,点亮希望 23
第3章 越是善用感恩就越幸福 43
第4章 人际关系:美好生活的序曲 57
第5章 拥抱关系中的微小瞬间 87
第6章 复原力:逆境中的自我疗愈 109
第7章 拥有任何挫折都打不倒的内在力量 119
第8章 情绪:塑造新生活的风向标 135
第9章 创造积极的体验,人生就不会崩盘 155
第10章 希望:活得更好是我们的本能 169
第11章 放弃无益的思维方式,你的人生会更精彩 ... 189
第12章 先好起来,然后变得更好 207

后记 223
致谢 225

第1章

身处逆境、压力山大时，如何复原

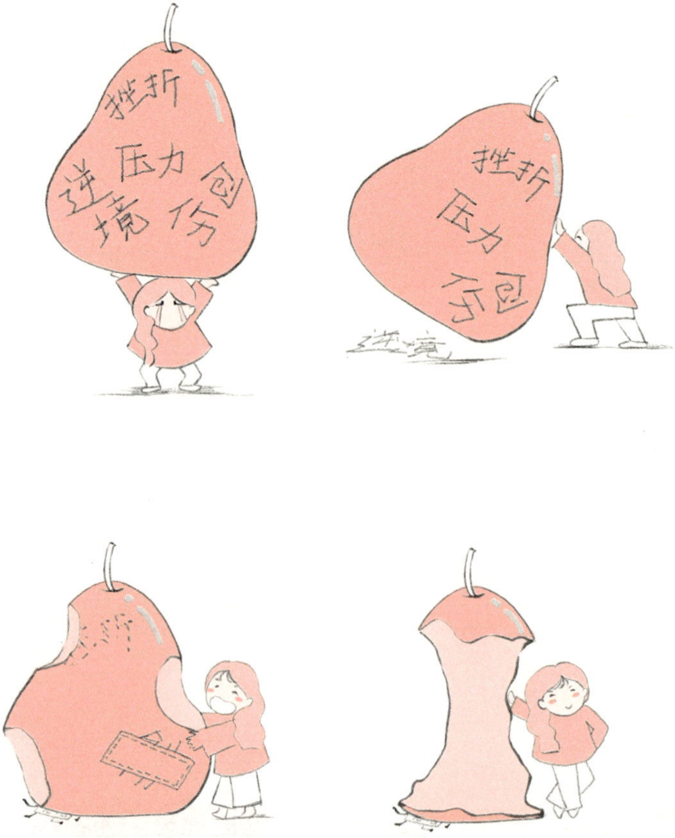
挫折
压力
逆境
创伤
挫折
压力
创伤
逆境

为了更好地学习如何在目前不太好（遭遇挫折或创伤，压力山大）的状况中获得成长，我们先来看看什么是创伤。

创伤是人们在遇到困难时产生的一种情绪反应。也许你惨遭分手，也许你不幸失业，也许你遭遇事故，也许你受了虐待。又或者，你的童年历经坎坷。这些经历都有可能造成创伤，影响你的身心健康。

创伤反应

短时间内，你对创伤性事件的反应可能是震惊，也可能是拒绝。你无法相信眼前发生的事情，你拒绝接受已经发生的事情。当你的世界支离破碎时，压力就会铺天盖地，所以，转而否认事实可能让你有一种安全感：你正在避开压倒性的压力和危机。因此，否认事实可以是应对危机的一种方式。然而，从长远来看，拒绝接受的心态会让你难以适应现状。

创伤会影响我们的世界观

很多时候,我们都认为生活是公平的,或者是可预测的。我们认定自己会变老,或者如果我们积德做好事,就会得到回报。而一旦发生与这些假设或信念直接矛盾的事情时,创伤就会不可避免地发生。我们都有自己的世界观,它由我们对生活的态度组成。当危机或冲击发生时,我们面对的是一个全新的现实——一个我们从未涉足过的、可怕的新世界,它与我们的世界观形成鲜明对比——创伤由此形成。随后我们会做出反应,可能会出现身体症状,可能会回想起痛苦的往事,还可能会做噩梦。

尽管如此,对精神创伤的研究让我们看到了希望:你能从创伤的受害者——一个很难向前迈进并感到气馁的人,转变成一个重新振作起来,"自动挺过难关的人"。要从无助状态转变为积极状态,你不仅要接受已经发生的事情,还要适应新的生活,甚至做到活力四射。这本书将告诉你如何做到这一点。

钢化效应

研究表明,压力或逆境可能会产生"钢化效应"。也就是说,应对挑战实际上是有好处的,你可以借机锻炼出钢铁般的意志,从而远离压力。这一点可以从经济大萧条时期不得不承担起成人责任的儿童身上窥见——那是一段难熬的时期,人们身陷贫困,尽管如此,那些承担起额外责任的儿童后来都表现出了更大的心理优势。虽然难关难过,但它能教会人们如何应对,有助于人们增强内心的韧性。因此,尽管我们害怕遇到坎坷,但坎坷确实能让我们变得更强大。

助你复原的力量

几十年前,当研究人员在研究创伤的影响时,他们主要关注的是创伤的负面影响——创伤如何导致抑郁和创伤后应激障碍等。我曾在一篇文章中写道:"当我们经历艰难的时候……或者如果你患有焦虑症或抑郁症,又或者你发现自己生病了,你听到的往往是情况有多糟糕,你是怎么一天不如一天的。但人们通常不会谈论我们如何从困难和障碍中浴火重生,变得更强大。"这并不是毫无根据的积极思维,它体现的是理解人性和我们跌倒后重新站起来的能力。这将带来希望,并让人们相信,巨大的不幸也可以孕育出无穷的力量。

近年来,研究人员意识到,关注那些经历坎坷却依然保持健康的人,可能会有惊人的发现。他们决定把那些保持健康的人也视作研究对象,而不是把主要精力放在与受创伤相关的研究上。这让我们想到,艰难的经历可能会催生有益的影响,帮助我们获得精神上的成长。

压力与创伤

什么是压力?压力是指你处在重压之下或感到惊慌时通常会有的感受。在日常生活中,我们可能会经历一些给我们带来压力、让我们感觉受伤的事件。

如果你正面临让你压力重重的人生难题，比如身陷窘境、被家暴，或者是丢了工作，这当然非常难。如果你面对这样的困境，还有出路吗？有！其中之一就是坚韧。

坚韧

几年前，我无意中读到了苏珊娜·科巴萨于1979年撰写的关于高压力的研究报告。正是这项奠基性的研究让世人认识了什么是坚韧。坚韧是个人优势的组合，在面对创伤和压力时，它就是你不可或缺的力量。你可以学习到获得坚韧的技能。

苏珊娜·科巴萨研究了在过去三年中经历了高强度应激性生活事件的中高层管理人员。尽管压力很大，其中一些高管仍然能够保持健康，而另一些人则病倒了。那些没有生病的人似乎受到一种叫作"坚韧"的内在力量（多种力量的组合）的保护。拥有这种内在力量的人往往对人生充满热情，他们在生活中有一种"充满活力的态度"和"富有意义的感觉"；他们相信一切都在自己的掌控之中，相信自己的行动可以产生影响。这些内在力量保护着他们在面对高压力时远离疾病。

2018年,我对"坚韧"这个概念产生了兴趣。剑桥大学之前的研究给了我灵感,激发了我对这个概念的兴趣。剑桥的这项研究始于20世纪90年代初,当时,研究者调查了3万多名受试者的健康状况和生活方式,并对包括坚韧在内的许多方面进行了分析与测试。为了更深入地了解这项研究,我参观了对受试者进行测试的位于英国诺威奇的流动诊所。我还与这项研究的发起人合作并撰写了论文。

你是坚韧的人吗?

坚韧的人即使遇到困难也不会忘记自己的价值观和目标。他们积极参与生活,积极适应周围发生的一切,而不是消极应对。如果必须换一份工作或搬到一个新的地方,坚韧的人会考虑如何积极适应:例如,他们会在新角色中学习有助于职业发展的技能或参与社区活动。即使他们几乎或根本无法控制

> 某种情况——比如被迫和他们不喜欢的同事一起工作——坚韧的人也会想办法处理这种情况,而不是认为自己无能为力。因此,坚韧的人不会躲避同事、逃避工作,也不会借由酗酒或其他不健康的习惯来分散自己在压力下的注意力,而是会思考如何解决问题。他们考虑的是如何才能专注于目标并向目标推进。

其他科学家的研究也表明,坚韧对人有很大的影响,对此我还想了解更多。坚韧似乎是在艰难困苦中成长和复原的关键因素。它也是创伤领域里的一个重要概念。坚韧由三个方面组成:

1. 投入
2. 控制
3. 挑战

投入是指对世界保持好奇并参与日常的活动。你相信生活是有意义的。控制指的是相信自己有能力影响生活的进程。挑战指的是接受生活是不断变化的，这种变化和不可预测性恰恰有助于我们的发展。变化是生活中的常态，可以激励我们成长。

投入、控制、挑战是坚韧的三要素。当人们身处逆境时，朝这三个方向发力就可以做到事半功倍。

20世纪80年代，一项对在工作中遇到重大难题的人进行的里程碑式的研究，为我们揭示了坚韧的力量。1981年，伊利诺斯贝尔电话公司经历了大规模裁员。仅仅一年时间，该公司就裁掉了一半的员工。1981年，该公司约有2.6万名员工，到1982年缩减至约1.4万人。在很短的时间内，公司的目标、领导层和员工的职位都发生了各种变化。对于一位经理来说，这种变化导致他在一年的时间内被更换了12位主管。混乱似乎蔓延到了公司的每个角落。

芝加哥大学的萨尔瓦多·麦迪博士对该公司的员工进行了一项研究。他分别在裁员前后及裁员期间对这家公司的员工进行了评估，因此，他能够在裁员过程的不同阶段追踪与健康有关的因素，以及其他相关情况。

每当环境发生急剧变化时，人们的身心就会不堪重负，这可能会给人们的应对能力带来巨大的负担，并导致恶性循环。这种情况在这家电话公司的员工身上得到了验证。裁员和承受的巨大压力在很大程度上导致了心脏病、抑郁症、药物滥用和婚姻破裂的发生。

不过，有三分之一的研究对象尽管也会受到干扰，也会在压力之下做出改变，但实际上却表现良好。事实上，他们不惧挑战、奋勇成长。这些人中，有一些留在公司，晋升到了高层；其他离开的人则开创了自己的事业，或者入职到新成立的公司，在新的舞台上取得了优异的成绩。这些人不仅成功地度过了高度紧张的时期，而且表现出精神上的成长。

麦迪博士在坚韧这个研究领域做了大量的工作。通过他的研究，我们对坚韧有了更深刻的认识。我们不再认为消极情况会让我们崩溃，而是意识到坚韧是生活的核心。我们要把消极情况看作帮助我们成长的挑战。坚韧促使我们在逆境中寻找意义，增强我们以不同的方式看待生活中重要问题的能力。

麦迪博士的研究还在继续，影响力也在不断扩大。

不仅各种组织的员工在接受坚韧训练，甚至军队也在推行这类训练。学生们也在各种教育场所学习了这一理念。围绕坚韧开展的工作已经遍及全社会，为健康运动铺平了道路。大家所了解到的关于积极心理学的许多知识，以及对积极心理的关注，部分得益于研究员兼教授麦迪博士的研究成果。麦迪博士所在的芝加哥大学社会生态学院院长声称，麦迪是一位"有洞察力的科学家，他尤其关心的是如何理解压力和创伤经历可以作为成长的催化剂"。

坚韧和创伤

那么，坚韧和创伤是如何联系在一起的？坚韧与有用的应对策略有关，这些策略可以缓解高度紧张或伤痛的感受。坚韧还会刺激人们向外界寻求帮助。在困境中寻求帮助和支持是非常重要的。事实上，对退伍军人的研究表明，那些表现出坚韧的三个特征的人——表现出对自己生活的掌控感，致力于寻找生活的意义，并乐于将变化视为挑战——创伤后应激障碍的症状更轻。

> 坚韧的人更有可能在面对困难、重压的时候看到身边的人,并向他们求助。

坚韧的人更容易找到必要的支持,更善于融入支持型社交圈。当你遇到艰难时刻时,融入社交圈,有朋友和家人在身边是很有帮助的。社会支持可以作为一种缓冲,抵御压力和潜在的破坏性经历的负面影响。因此,坚韧就成了遭受创伤的人适应社会的重要因素。

坚韧如何发挥作用

人们认为,坚韧让人能对抗逆境,同时也能重新定义困难。重新定义,意味着不把压力环境看成令人恐惧的东西,而是以一种更积极、更有益的方式来看待它。也许压力事件能让你对生活形成新的见解,并以全新的方式塑造一个不一样的你。相反,如果你不够坚韧,那么你更有可能以消极的眼光看待压力事件,而这会阻碍你做出选择,也不利于你寻找摆脱混乱的办法。

坚韧可以把你从反思创伤性事件的泥沼中拖拽出来,让你把关注点放在创伤性经历带来的好处上,并从经历中找到某种意义。即使很难为痛苦找到意义,但只要好好想想自己从痛苦的经历中得到了什么,你就会过得更加轻松。坚韧也会让你更容易相信世间的美好。

在对肢体残缺的重伤军人及其配偶进行调查时发现,坚韧的人在经历创伤后获得了成长。即使遭遇了这种毁灭性的情况,坚韧的人也能够从创伤性事件中找到积极的一面:例如,他们因此变得更坚韧,与亲人的关系也更加深厚。

坚韧的人更有可能以积极的方式重新解读苦难。他们把苦难当作一次成长的契机。他们认为复原是可以做到的。

坚韧也会激发积极的应对——积极地投身到环境中,然后去改变它。当你积极应对时,你是在采取措施复原或避免将来出现类似的情况。例如,一个人因为长期饮酒而被诊断患有肝病，于是他开始采取积极的措施来摆脱这种状况——注意是积极应对，不是被动应付。他加入了一个匿名戒酒互助小组，并找到了一个靠谱的伙伴来督促自己戒酒。他还想办法预防未来可能发生的肝病问题。

这与被动应付或回避问题形成了鲜明的对比，与否认或拒绝承认问题的做法也截然相反。缺乏坚韧特质的人更有可能逃避问题，而他们患抑郁症的风险也会相应增加。与之不同的是，当你积极投入生活，并积极应对前进路上的障碍时，就能重新找回对一切的掌控感。而这种掌控感正是坚韧不可或缺的。

坚韧与压力

我们已经讨论了高压力，比如麦迪博士在研究中发现的压力。但我们在处理较低水平的压力时，关于坚韧的研究也能带给我们启发。如果我们感觉自己没有全身心地投入生活，感觉自己没有完全掌控生活，不妨先问问自己："下一步你会做什么？怎样才能挖掘出这些内在力量？"这样，如果真的遇到更大的压力，我们就会准备得更加充分。

我们每天都会面临中等或较轻程度的压力——比如,发布会召开之前我们会有压力,截止日期到来之前我们也会有压力,这些压力可能会对我们的健康产生负面影响。压力遍布社会的每一个角落,会对人们产生不同的影响。现代的生活节奏很快,人们需要同时处理多项任务,并常常会因此感到力不从心:我们要处理一连串的待办事项,我们要回复源源不断的电子邮件,我们必须找到并保住一份工作——所有这些都让我们感觉自己身处一场永无止境的比赛当中。这让我们心力交瘁,有时甚至让我们觉得无力坚持。

事实上,当我们的内在力量与外部环境的需求不匹配时,压力就会骤然而至。当我们再也无法满足每天无休无止的需求时,我们就会失衡。但如果我们把目光转向坚韧,并练习坚韧的三要素——挑战、控制和投入,我们就能向好的方向转变:我们开始跟上节奏,甚至感觉压力变小了。那么,如何借助坚韧的三要素来应对压力呢?

挑战

其中一个要素就是挑战。与其把压力源视为威胁，视为引发焦虑的源头，不如把它看作挑战。这完全取决于你如何看待事物：你如何感知你周围的世界。

威胁与焦虑密切相关，会让我们不敢采取行动，所以如果你把挫折视为威胁，那么它就成了你的拦路虎。而将某件事视为挑战则要积极得多——这是一种激励。当你迈出了这第一步（将障碍重新定义为潜在的有价值的挑战，而不是威胁），你的压力水平就会下降。当你把某件事视为挑战时，你会更有动力采取行动。这可以激励个人成长。

尽管压力很大，但你是不是能从中学到什么呢？从这段经历中你能获得成长吗？

把压力源视为挑战，能使我们的看法从消极变得积极，从而更愿意积极处理压力源或困难的情况。字典上把挑战定义为"需要付出巨大努力和决心"的事情。在这里，第一个关键词是努力，第二个关键词是决心——坚持下去直到达成目标和意愿。这与你的聪明程度或者你的天赋无关，而与你付出的努力有关。这让我想起了关于成长型思维模式的研究。具备成长型思维模式的人会乐于解决困难，乐于迎接复杂情况的挑战。在成长型思维模式中，遇到困难时没有成功并不被当作失败；意识到自己的错误也不会打击到自己。相反，失败成了一次学习的机会，一次尝试新策略的机会。具有成长型思维模式的人更有可能相信努力是他们得到发展的关键因素。这可能会左右个人的成功和人生的归宿。

当我们意识到可以通过努力来改变人生的成败时，就会觉得一切都在我们的掌控之中。这会给我们带来动力。因此，将某件事视为挑战是坚韧的一部分，可以帮助我们前进。

改变看待人生挑战的方式

人们可能会面对来自重大人生改变的各种挑战，比如搬到一个新的地方，换一份新的工作，结束一段关系恢复单身，遭遇挫折后面对新的现实。

作为坚韧的三要素之一，挑战可以被描述为一种信念，即变化是常态，并且往往是我们自身成长所必需的。所以，如果你是一个坚韧的人，你就更有可能把变化看作生活的一部分，它甚至可以是帮助你进步的积极因素。这样一来，变化就成了"促进成长的激励因素，而不是对安全的威胁"。与其把变化视为可怕的事情，不如把它看成能帮助你成长的东西。不要假设人生会一帆风顺，你要意识到压力会时不时地降临到你头上。这是人生起起落落的一部分，经历坎坷可以帮助你成长为一个更加睿智的人。我们常常希望生活稳定，但现实是，生活总是瞬息万变。正如希腊哲学家赫拉克利特所说，人生唯一不变的就是变化。

有时，我们把变化视为威胁，我们害怕新奇的事物。举个例子，我有一位学员叫杰西卡，她是一名机械工程师，刚刚辞去了一份干了六年的工作。她不仅要重新找工作，还要找房子。一想到要搬离目前的住处，她就心惊胆战。寻找新的住处，还要把多年来置办的家当都搬过去，这让她难以承受。她对不久的将来充满恐惧。然而，当我们聊到坚韧，聊到科学如何证明变化可能蕴含机遇，聊到变化是"促进成长的激励因素，而不是对安全的威胁"时，她开始把搬家和换工作看成自我成长过程中的必要转变，压力也就随之减轻了。

控制

我在给杰西卡上辅导课时，也谈到了控制，这是坚韧的另一个要素。掌控感和无助感是对立的。也许你身陷逆境，但你会发现你可以采取行动让自己复原。

当你有了掌控感时，就好像坐在了主驾驶位，你能决定自己行驶的方向。想到这一点，杰西卡就有了应对压力的信心。我们集思广益，罗列她每天都可以做些什么小事来加强自己对生活的掌控感。其中一些是不起眼的琐事，比如每天早上第一件事就是吃早餐，然后去健身房"充电"，让自己一整天都精力充沛……思考如何在生活中成为积极的行动者，而不是被动的旁观者，并采取积极的措施，会让她觉得自己在决定自己人生的方向。

投入

最后，我们制订了一项计划让杰西卡积极投入自己的人生旅程，哪怕会遇到阻力。我们讨论了可以让她坚持下去的方法，即使遭遇不顺，她仍然能坚持自己的计划，这也是坚韧的一部分。她意识到，无论情况变得多么棘手，她都需要积极地投入生活，而不是与世界脱节。

我建议她列出能激励自己的目标，以及为了实现目标每周要采取的行动，我还鼓励她建立问责制，以保证自己能按计划执行（例如，找个可以问责的伙伴，她可以向伙伴汇报她的情况）。我们努力改变她看待目标的方式：不再认为这些目标很难实现，而是关注采取积极行动的好处。我们重点关注的是她在新工作中获得成功的愿望和学习新事物的兴趣。

只要你努力把威胁视为挑战，致力于生活和实现目标，并找到掌控自己人生的方法，你就有能力挖掘出内在的坚韧力量。

结语

逆境或创伤可能会对人们的健康产生显著的负面影响。本章让我们看到了可以帮助人们从创伤或困境中复原的力量。我们可以牢记这三个要素——挑战、控制和投入，并开发这些内在力量，帮助我们在遇到困难时积极应对。

第2章

感恩：建立积极性，点亮希望

即使你的人生没有经历过磨难，看看那些历经磨难的人如何重新振作起来，也会让你备受鼓舞。他人的经历可以减轻我们的恐惧，让我们不那么害怕生活中的起起落落，不那么害怕人生的不可控。杰出的社会学家亚伦·安东诺维斯基曾经谈及我们正经历的瞬息万变、一团乱麻的生活，以及我们如何掌控这样的生活。以下是一些真实案例，讲述了那些历经磨难的人在心理上获得成长的故事。感恩正是这一切的核心。

我的经历

我想与你分享的是，在经历了影响人生的创伤性事件后，我是如何培养感恩之心的。我现在仍然时常回想起那件事，那段记忆让我心存感激，因为我现在能吃得下、睡得着，过着正常的生活，身体上也没有什么痛苦和不适。

我一直在与胃病和过敏作斗争。几年前五月的一天，我发现自己无法吃任何东西，否则全身都会出现疼痛和灼烧感。即使是最基本的蔬菜或米饭，我一吃就会过敏。甚至连服用抗过敏药物也不能幸免。晚上是最难熬的，因为那时我全身都会红肿，根本无法入睡。我的皮肤就像被红蜘蛛咬过一样，凸起巨大的肿块，就连躺在床上都很痛苦。我的脸经常肿起来：嘴唇有时会肿到平时的两倍厚。我瘦了很多，头发也掉了很多，我感到非常虚弱，整天无精打采的，以至于好几个月都没去上班。

不用说，任何一丝快乐都烟消云散了，我只是努力挨过每一天。这种情况持续了大概一年，我用了好几个月的时间，小心翼翼地把食物重新纳入一日三餐，有了食物的营养，身体也好了起来。我再也没有恢复到以前那种基本不过敏的状态，但一年后，我的身体至少学会了接纳少量的食物。

在备受煎熬的开始阶段，唯一没让我过敏的食物是豌豆。现在，每次吃豌豆时，我都会想起与同事们共进午餐的情景：大家围坐在餐桌旁，每个人都吃着三明治、意大利面，喝着热汤，而我却在吃豌豆。我记得我那时上班会带一个透明的大玻璃罐，里面装满豌豆。每次有新人入职，我都得从头解释一遍我的情况。但那段日子也并不都是难熬的。每当我能够适应一种新的食物时，我所在的小团队都会庆贺一番。克莱尔会惊呼："你现在可以吃到新的东西了！"那些感恩和庆祝的时刻一直深深地刻在我的脑海里。

那段极其艰难的经历改变了我，促使我改变了看待事物的方式。我开始感激生活中哪怕最微不足道的幸福，比如能够偶尔吃一个苹果或别的什么东西，而不会让身上起疹子，也不会让脸肿起来，或者能够一觉睡到天亮（即使第二天不一定精力充沛）。那段经历让我回归最基本的生活，并体会到生活的真谛——简单：吃得下、睡得着、能散步，而没有疼痛的感受。在这可怕的一年结束之后，我也有了一种从未有过的平和的感觉。我始终保持着对生活中那些"小确幸"[1]的感激之情。可

---

1 网络用语，指隐约期待的小事刚好发生在自己身上时产生的那种微小而确实的幸福与满足。——编注

以说,是那段经历彻底改变了我。

感恩与幸福

　　感恩会自然而然地发生。也许你经历了打击,健康出了问题,或者个人生活让你伤心欲绝,但是一段时间后,你会重新燃起对生活的感激之情。我们也可以通过所做的事情来唤起感恩,比如每天抽点时间想想值得我们感恩的小事:和家人一起享用美味的晚餐、最近心情很不错。

　　相关研究明确告诉我们,感恩确实能影响幸福感。这是阿雷格里港联邦健康科学大学主持的研究中的一个主要发现,该研究共调查了400多名受试者。

　　实验人员将受试者分成3组。受试者按要求在睡前10~20分钟写下过去一天发生在他们身上的5件事。但他们写的事情会因所在的小组而有所不同:

　　⊙感恩组:受试者被要求写下过去一天中令他们感恩的5件事。

⊙ 烦心组：受试者被要求记录过去一天中让他们恼火或烦心的5件事。

⊙ 中立事件组：受试者被要求写下对他们有某种影响的事情，事情可大可小。

受试者每天都要做这样的记录，一共持续14天。研究结束后，研究人员发现，感恩组的受试者提升了积极情绪，他们的幸福感和生活满意度也有所提高。

这项研究和其他许多研究（尤其是宾夕法尼亚大学马丁·塞利格曼教授的研究）都表明，专注于感恩会对我们的日常生活产生积极的影响。当创伤性事件发生时，我们就要开始感恩。

感恩与"人生地震"后的废墟

当你遭遇困境时，就好比经历了一场地震：你的人生观和对生命的理解都有可能会在瞬间崩塌。你开始对自己是谁和活着的意义感到困惑。亲密关系等生活中一些重要的方面也可能会被打乱。你可能会问自己："为什么这种事会发生在我身上？"这会提醒我们，无论我们多么希望生活是公平的，事实都并非如此。发生在人们身上的那些可怕的事件（比如被欺骗或被欺凌、发生车祸）会破坏我们对公正世界的印象，甚至会摧毁我们的信仰。

创伤后成长是指在令人不安或混乱的环境的刺激下的成长，这种环境可能会降低幸福感。我们可以从经历过此类成长的人身上学到很多东西。我回顾了在这个领域所做的研究，发现向内生长的人在面对人生挑战时倾向于采取这种积极的姿态。他们或许会感到麻木或迷失方向，不知道下一步该怎么走，尽管如此，他们还是会在发生"人生地震"后努力"穿越废墟"：他们会重新审视自己的信念，思考是什么导致了这场灾难，以及灾难背后的意义和造成的影响。他们会反思，会想方设法接受残酷的现实，在这个过程中，他们可能会意识到自己比想象中要强大。他们能够渡过难关，甚至发现一条全新的人生道路——这就是感恩的理由。

当研究人员想知道人们是否经历了创伤后成长时，

他们会从以下几个方面进行评估[1]：

⊙ 对生命有了新的理解或感激："我对自己生命的意义有了更多的理解。"

⊙ 改变了生活的重心：例如，"我改变了生活中重要事物的优先顺序。"

⊙ 增强了力量感："我的自立感更强烈了。"或者"我发现自己比想象的还要坚强。"

⊙ 改善了人际关系："我在人际关系上投入了更多精力。"

感恩是创伤后成长的核心。遭受过创伤的人可能会比较他们在事件发生前后的状态。他们有时会用"自私""刻薄""混蛋"这类词来形容过去的自己。而事情发生后，他们通常认为自己已经大为改观，对他人更有同理心，对世界也有了更深刻的认识。当你阅读他们的故事时，会明显感觉到字里行间流露出的感激之情。

---

[1] 基于理查德·泰代斯基和劳伦斯·卡尔霍恩的研究：https://onlinelibrary.wiley.com/doi/epdf/10.1002/jts.2490090305。——原注

对不断经历挑战的人来说，感恩往往无处不在。有时候，我们经历的困难越多，我们就越能发现感恩的机会。在一项研究中，有个叫埃莉的残障人士就变得更加坦诚，她非常感恩自己在创伤性事件后变得更宽容、更善良。另一位截瘫患者玛丽对自己仍能参加适应性体育活动充满感激，尽管她再也不能像正常人那样发挥作用，但她仍然很感恩自己能够做到生活自理。

跟比自己现状更糟糕的人进行比较，也能让你对生活中的一切心存感激。你可能还会意识到，在创伤性事件发生后，你已经以自己也许从未想过的方式做出了积极的改变。你会发现自己从一个不在乎别人感受的人，变成了一个更体贴、更有同理心的人。

感恩是创伤后成长的重要内容，还是人们身处逆境时实实在在的驱动力。针对创伤经历者的研究表明，创伤并没有压制住他们。相反，他们找到了机会，与他人建立了有意义的联系，更加感激生活。他们会真的感谢生活中那些微不足道的小事，比如，看到五彩斑斓的蝴蝶，甚至是听到自己的呼吸声。一位经历过创伤的受试者真挚地表达了自己的感恩之情：

我更加珍惜生命，因为我意识到生命会被夺走，或者说，我知道生命可能会随时消失……直到濒临死亡，我才意识到生命是多么珍贵的礼物，我的意思是说，不是每一天，而是每一次呼吸都非常珍贵。对我来说，每一次心跳都是意外的馈赠。

各种研究表明，有些人会对他们罹患的疾病也表现出感激之情。例如，在一项研究中，有些女性受试者谈到艾滋病毒如何"救了她们一命"，让她们摆脱毒品，从而走上康复之路。一个名叫卡洛塔的女人多年来一直在吸食快克可卡因，后来她发现自己感染了艾滋病毒，她说：

我很清楚，经过这么多年行尸走肉般的日子，我已经被判了死刑，但我真的想死吗？我不想。是艾滋病救了我……我突然意识到，如果我想活下去，就必须和过去告别。我收拾好行李，搬了家。从那以后我再也没碰过毒品。我已经戒毒九年了……

其中一些女性受试者通过照片展示她们的经历以及

她们是如何改变的。在我的辅导课上,当我和学员们聊起他们在自我成长之路上闯关的点点滴滴时,我会让他们在不同的阶段选择一幅画。这幅画代表他们当时的生活状态。有一个年轻人选择了这样一幅画:阳光明媚,一辆汽车行驶在一条蜿蜒曲折的路上,周围是树木和砾石;他走了很长一段路,云层已经散开,不再遮蔽阳光,但他还要再走一小段路才能到达他想去的地方。你可以选择图片,也可以自己创作,或者用其他的艺术表达形式比如舞蹈,来代表某一阶段的状态,这些方式都可以帮助你更好地理解你正在经历的事情,并帮助你参透其中的奥妙。

各种情况都有可能带来创伤后成长,人们甚至可以在最极端的情况下获得成长,比如在监狱里。戴安娜35岁,因为在前男友家纵火(部分原因是为了报复,因为她当时被前男友甩了)被关在监狱里,并接受了心理治疗。在狱中,她开始更多地了解自己,更认真地倾听自己的内心。这些积极的改变正是感恩的理由。

你能够感受到感激之情,是因为你现在能够看清生活中真正重要的东西,你能够更好地了解自己,你能够做更有意义的事情。有一位受过重伤的受试者经历创伤后得到了成长。受伤改变了他的生活重心，他开始关心生活中更有意义的事情，比如与他人融洽的关系。来听听他的心声：

> 法学院是我一直想去的地方。但在受伤之前，我想做的是公司法，我想看看自己能做到什么程度，我会每周工作80小时，看看我需要多长时间才能赚到50万美元。现在我对这个完全不感兴趣了。我不想在大城市工作，尽管那里不乏高薪工作。但我觉得不值得。我的生活重心已经彻底改变了……我觉得重要的是家人和朋友，是我在社区的人际关系，是回报社会。我过去很焦虑，总是无缘无故地感受到压力。我总是笑着说，等我的背断了，才真的要担心了。

人们在直面生活中的大风大浪时——无论是创伤、疾病，还是各种各样的难关，怀着感恩之心就更能承受痛苦。感恩可以让你在艰难的日子里感受到意想不到的幸福时刻。而且，感恩在生命的最后阶段也能起到关键的作用。

我发现，观察老年人是如何应对生活的，听听他们的智慧箴言，真的是一件很美好的事。他们阅历丰富，如果我们愿意倾听他们的心声，就会有不少收获。下一节内容主要基于社会情感选择理论（关于我们如何看待时间、如何选择目标的理论）——这是斯坦福大学心理学教授劳拉·卡斯滕森及其同事的研究成果，也结合了我自己在与学员讨论和访谈之后对感恩的思考。

年老时感恩当下VS年轻时憧憬未来

有意思的是，当我们的生命接近尾声时，感恩似乎成了一件重要的事情。我们如何看待未来在其中发挥着重要的作用。

时光荏苒，岁月沉淀，我们越来越意识到生命正在终结。年少时的目标，比如结交新朋友或者获取新知识，都开始显得肤浅。成年后的目标似乎越来越不重要，因为未来正在萎缩。你获得多少新知识，结交了多少有趣的朋友，已经变得无关紧要了，因为你会觉得那些聚沙成塔（无论是信息、物质财富还是社会关系）的日子已经结束了。

随着年岁的增长，人们的生活重心发生了变化：他们开始珍视与多年老友的紧密联络。他们选择参与有意义的活动，比如花时间和情感上亲近的人相处，放弃或不再重视那些没有意义的活动。

年岁渐长，活在当下

当临近生命终点时，我们也倾向于更关注当下发生的事情，而不是考虑未来。我们开始更加关注自己的情绪。当我们感觉时间所剩无几时，就会更加重视自己的感觉和当前正在发生的事情。关于如何活在当下的课程和研讨会屡见不鲜，但有时候没有什么比知道终点就在眼前更能让人意识到当下了。虽然细想起来会很伤感，但我们必须理解这个现实，这样我们才能清醒过来，开始感恩眼前的一切。

接下来让我们了解一下年轻时和年老时的看法。

年轻时关注的是未来，年老时在意的是当下

人在年轻的时候，总认为时间和生命是一条阳关大道，等待他们去探索。他们设定的目标是面向未来的，未来本身被视为"无限的""辽阔的"。未来似乎充满无限可能，你就是那个初次踏上冒险之旅的探险者，在努力找寻自己在这个世界的立足点的过程中不断地做出选择，当然也会不断犯错。这听起来似乎很刺激。你不知道你会遇见谁，也不知道你会撞上什么事。对于未来，你也许志存高远。

然而，正如卡斯滕森等人所写的那样，当你认为时日不多时，往往会更多地关注当下。我们会越来越关注生活中有意义的事情，留意生活中感性的一面。我们"不再担忧未来"，因此会开始优先考虑给我们的生活带来价值的事情，更加专注于内心的感受。如前所述，我们不再关心交多少朋友，而是专注于我们已经拥有的友谊，滋养亲密的关系。我们更在意的是情感质量，而不是数量。随着年华老去，我们不再为遥远的未来做准备，而是专注于当下的满足——对我们所拥有的亲密关系心存感激，这就是感恩的本质。正

如卡斯滕森所说，老年人大多注重当下，不像年轻人那样憧憬遥远的未来。他们也不像普遍存在的刻板印象所暗示的那样沉湎于过去。相反，他们比其他年龄段的人更注重此时此地。感恩通常就是专注于此时此地，感激你所拥有的一切。

这能使人们看清事情的本质。通常，你在年轻时总在追寻新的朋友、新的冒险和新的开始，并且可能会以牺牲健康和其他情感需求为代价。但随着阅历的增长，积累了各种各样的资源，也许我们已经划掉了人生清单上的多个项目，我们会发现它们并不是我们一直以来真正想要的。这就好比你一生都在追逐海市蜃楼，当你到达那里时，对于幸福的期望依然没能实现。

随着年龄的增长，你可能会放弃追逐这种"海市蜃楼"，可能抵挡得住成功的诱惑，只想满足于当下，保持良好的心态。这就是为什么到了老年，人们往往会期待积极的情感，如欣赏和感激。当遥远的未来不再遥不可及时，人们开始珍视那些能给他们带来稳定情绪的活动和状态。有意思的是，我们的一生可能都在忙着追求更多的成就，但等生命到了尾声，我们才意识到，这其实并不是我们需要的。

研究人员在比较中年夫妇和老年夫妇时也发现，后者比前者更会表达积极的情绪。与中年人相比，老年人愤怒和厌恶的情绪更少见，即使在谈论感情问题时，老年夫妇也更深情相待。这似乎表示，在生命即将谢幕时，我们终于开始意识到什么才是真正有价值的。

健康与疾病中的感恩

许多研究的主题都离不开疾病中的感恩，无论是癌症、肠易激综合征，还是其他疾病的患者，都有感恩的心态。

当人们患了重病，意识到自己时日不多时，往往会改变生活的重心，会更注重有意义的情感体验。这就是为什么生病的年轻人会有和老年人相似的偏好：他们都重视那些给生活带来价值的东西，比如与亲人之间亲密的情感纽带。当未来有限时，人们对感受的关注变得非常重要，情感方面的关系成了重心。我们有理由相信，患病的经历也可能唤起人们的感激之情；当时间所剩无几时，还有人能满足你的情感需求，你必定心存感激。我们有理由相信，这样的经历会让人产生感恩的情绪——你感觉到自己被家人或好友簇拥着，他们就在你身边支持着你。

生病期间，你很难将注意力从身体症状或疼痛上移开。你想要的可能只是缓解疼痛，却可能因此而耗尽心力。但即使在这种情况下，如果我们留意到积极的事情，比如与亲人、朋友间的短暂交流，也会因此而倍感幸福，由衷地感恩。如果你正在与慢性疾病抗争，不妨走出房间沐浴阳光，或者欣赏美丽的花儿，你一定会得到短暂的快乐。踏出这一步，感恩是关键。我看过一篇关于多发性硬化症和精神疾病患者的文章。研究人员在文章中写道："患者要关注、解释和接受危机中仍然存在美好的一面。"当你经历艰难的时光时，不妨花一点时间向上看，多去留意并享受这个充满自然奇观的世界所散发出的美好。

感恩也可以重塑你对过去的看法，这在患病期间非常重要。当你用感恩的心态回忆过往时，即使病魔缠身，爱的记忆也会从你的脑海深处浮现。这些记忆会把你的注意力从当前的病痛上转移开，哪怕只是短暂的一瞬间。

感恩可以重塑你对过去的看法。

结语

心怀感恩会让你更容易承受生活的重担。它提醒人们留意生活中的"小确幸"，那些我们认为理所当然的时刻。感恩有助于人们应对逆境、产生积极的情绪并从中获得幸福。

面临困境，有一颗感恩的心将无往而不利。它会帮助我们一路前行，哪怕前路困难重重。有了感恩的心态，我们才能积极应对前方的挑战。

下一章我们将重点关注把感恩带入生活的策略。

第3章

越是善用感恩就越幸福

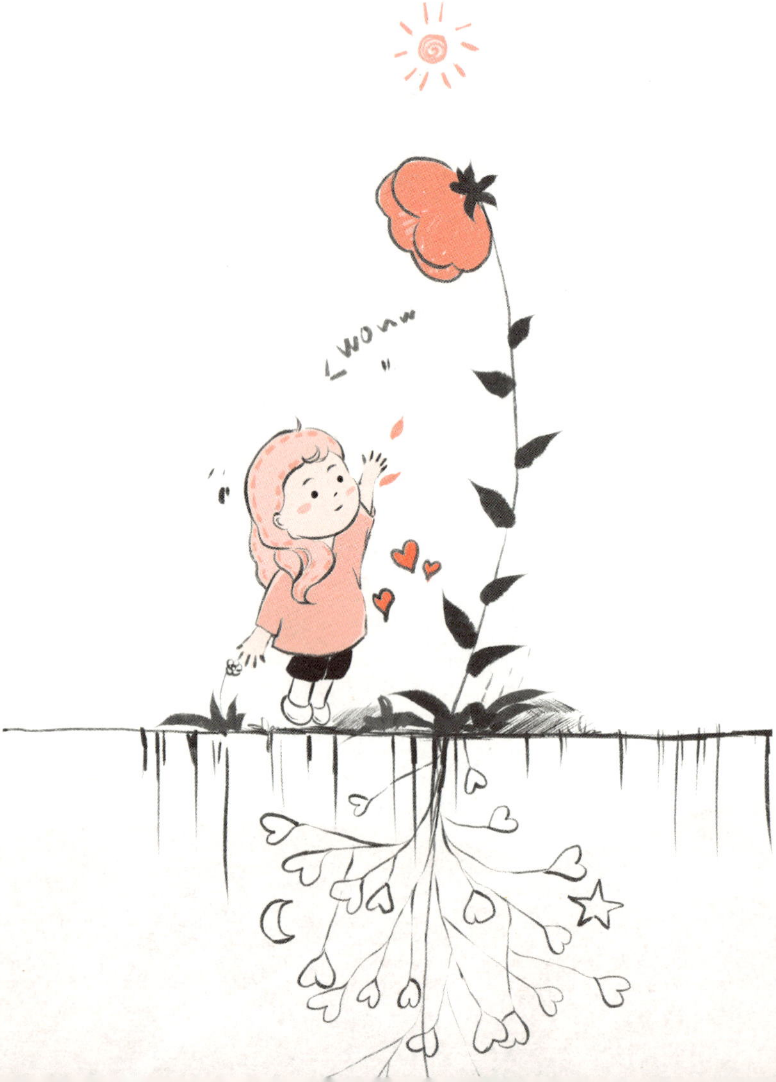
wowww

本章将介绍有关感恩的策略，帮助你培养感恩的意识，挖掘敬畏的力量。

应急策略

要将感恩带入生活，一个简单快捷的方法就是使用下面这些策略：

⊙给过去帮助过你或你想感激的人写一封感谢信。宾夕法尼亚大学教授马丁·塞利格曼在一项研究中指出，给"从未好好感谢过"的人写一封感谢信，再把信交给那个人，这样做一周或一个月后，写信人会更快乐，他们的抑郁症状也减轻了。

⊙做善事。比如，可以给无家可归的人送些吃的，或者带一些食物去喂鸟。

本能应对VS有意应对

面对生活中的压力、难题或挑战,我们都会去应对。我们有本能的应对策略,这些策略是自发执行的,或者是我们从小就学会的:也许我们看过父母以特定的方式处理或应对过类似的情况,我们学会了依葫芦画瓢。

比如,我辅导过一位叫卡拉的女士,她的父亲在压力大或遇到有点棘手的情况时会采取回避的做法。如果生活不顺,他不会腾出时间去练习感恩或执行其他有用的应对策略,因为他认为做这些都没什么用(他会习惯性地把这些问题拒之门外)。卡拉也学会了同样的做法。

我们中的许多人都会不假思索地做出反应,会自发地行动,或者会模仿成长过程中见过的别人的做法。本能的应对是自然而然发生的。但我们可以推翻它;我们可以选择有意识地应对。我们可以选择有目的地去做事,因为我们知道这会给我们带来幸福。这样看来,知识就是力量。我们要从本能的应对转变为有意识的应对。

这就需要积极地改变我们的思维模式、对挫折的情绪反应以及不适当的应对方式。即使我们学会了应对策略，在决定如何处理问题时，我们还是可以改变方向，尝试不同的策略。有意识的应对才有利于我们成长。

长期策略

使用长期策略的目的是让你在生活中更懂得感恩。如果你在阅读过程中有任何感想或想法，可以把它记录下来。

1.关注你拥有的，而不是你缺少的

不要去想你缺少什么，而是关注你拥有什么。比如，如果你健康状况不佳，不妨想想是否还有一些身体状况让你心存感激？

还有其他什么事值得你感恩吗？你也许现在没有伴

侣，但有一个善解人意的朋友。那就练习感恩吧。现在请你列一份清单，写下此刻令你感恩的五件事——大小无所谓。再依次关注每一件事，把你的感受和想法记录下来。

感恩的步骤	
你现在的生活有什么值得感恩的？比如，和宠物相处的快乐时光、阳光明媚的日子、美味的蛋糕，等等。	你在这件事上有什么感受和想法？
1.	
2.	
3.	
4.	
5.	

2. 常怀敬畏之心

感恩的一种表现是敬畏。倘若生活不顺，不妨培养敬畏之心。什么是敬畏呢？敬畏是一种超然的感觉，一种情绪高涨的感觉，一种生命值得珍惜的感觉。有时候，生活会以意想不到的方式带给我们惊喜。如果你发现了这个小秘密，你就更懂得珍惜，更懂得感恩，这对情绪和健康都有积极的影响。

你可以走出家门，去徒步旅行，去深度亲近大自然。你徒步登上了顶峰，俯瞰着脚下一大片密林，刹那间，你被意想不到的情绪牵引着，被一种敬畏的状态笼罩。大自然的美景正在开发出你内心深深的感恩之情。

培养敬畏之心的另一个途径是倾听优美的音乐，或者欣赏能打动你的艺术品。突然间，你可能会意识到自己对创造这一切的艺术家的超凡才华萌生出深深的感激之情。你会有一种超然的感觉：感觉自己超越了现实，眼前那扇新世界的大门正徐徐开启，你的灵魂得到了升华。

当你被某样东西，
比如大自然或美妙的音乐，
震惊或打动时，敬畏之心就会油然而生。

敬畏的感受对健康有积极的影响。它能使体内免疫系统细胞产生的促炎细胞因子水平降低。而促炎细胞因子会造成疾病恶化。因此，常怀敬畏之心，有助于对付那些有害的身体细胞，从而利于健康。

引发敬畏之心的经历可以吸引你的注意力，让你感觉自己完全沉浸在当下——这会影响你的大脑和自我意识。想象你驻足海边，凝视着远处汹涌的海浪。你开始浑身起鸡皮疙瘩，开始进入忘我的境界。或者，想象你正站在高高的悬崖边，俯视着脚下的辽阔大地——你突然感受到自己的渺小。这就是"小我"效应。当我们心怀敬畏时，这些感受不仅会改变我们对自己的看法，还会影响我们的大脑神经。研究发现，敬畏之心会降低默认模式网络——一种被认为与我们的自我意识有关的大脑网络——的活动。

心怀敬畏会对我们的感官和意识以及身体产生各种影响。因此，你不妨在日常生活中多做些让自己感到敬畏的事情。比如，去听一场音乐会，周末抽时间去户外，或者去画廊转转。

你还能想到哪些能引发敬畏之心的事吗？生活中还

有哪些事情能让你感到敬畏？不如把它们记录下来吧！

周末（请在下方注明日期）	能激发敬畏之心的日常活动	在你做过的事情后面打钩
1.	1.	
2.	2.	
3.	3.	
4.	4.	
5.	5.	

3.和孩子待在一起

这个策略是另一种培养敬畏与感恩之心的方式。孩子对世界充满好奇。对他们来说，一切都很新奇，那些不起眼的小东西都能吸引他们的目光，比如，清晨一只蜜蜂落在沾着露珠的草叶上，一只小鸟透过树枝的缝隙向外窥探，或者一颗油光发亮的果实，都可以让他们心生敬畏。如果你和孩子待在一起，你也会生出敬畏之心。因此，和孩子待在一起吧，看看小家伙们被这个世界所鼓舞、所吸引的模样；放下戒备，加入他们吧。跟随孩子的目光，你可以暂时卸下大人的责任和负担，睁开双眼看看我们习以为常的世界——它会让你生出感恩之心。

4. 睡前感恩

有研究显示，感恩与更好的睡眠有关：如果你心怀感恩，你会睡得更久，睡眠质量也会更好，第二天更有活力。如果你心怀感恩，大脑就会搜索令人愉悦的事情和想法，助你睡意更浓。

要练习感恩，有个办法是每天晚上睡觉前回想一天中发生的三件让你感激的事情。这会让你的思维过程从消极转向积极，帮助你的大脑切换到更平静的模式，为安稳的睡眠做好准备。感恩还有利于多巴胺和血清素的分泌，这两种物质在睡眠-觉醒周期中能发挥作用。所以今天晚上，当你躺在床上时，想想今天让你感激的三件事。可以是家庭安宁、饭餐可口、和邻居聊天愉快等。事情无论大小，只要是你喜欢的都可以。

5. 用比较催生感恩

如果人们生活不如意——无论是分手、被虐待还是遇到其他困难，与那些已经走出困境的人见面可能会有所帮助，因为这能让你看到希望，从而有绝地求生的勇气。同理，当你遇到那些比你还要落后的人时，会让你对自己取得的成绩心存感恩。要怎么认识这些人呢？你可以去加入互助小组，聊聊彼此的经历。

昆士兰科技大学的谢乐尔·维莱尼察针对童年时遭受过性虐待的人做了相关的研究，他建议人们在加入治疗性互助小组后，可以观察那些复原时间更久或更早开始复原的人，借此对照自己在复原过程中的进展，起到自查的作用。如果取得小小的进展，那就庆贺一下，抽点时间抒发一下感恩之情，可以激发我们坚持下去的勇气。

6.想更幸福吗？去做激起你感恩之情的事

让我们从现在开始积累感恩的经验。我们可以建立一个珍贵经历的记忆库，以便我们未来经历其他艰难时刻时，可以怀着感恩之情回顾过去。

有证据表明，感恩可以让人幸福。但与此形成鲜明对比的是，我们一直以来都认为让我们感激和幸福的是积累物质财富，而不是经历。

如果财富能让我们幸福，我们就会看到我们的幸福程度与我们拥有的物品或物质财富的数量成正比。或者我们会认为，银行账户的余额越多，我们就会越满足、越感恩——感恩金钱能买到的舒适和奢华。旧金山州立大学的心理学教授瑞安·豪厄尔说："人们仍然相信钱越多就会越幸福，但35年来的研究都表明事实恰恰相反。"

事实证明，让你幸福的不一定是物品的数量或金钱的多少，而是你如何去利用它们——你是否将其用于让自己沉浸在能让你充满活力、懂得感恩的经历中。研究显示，在我们为生活经历而不是物质财富买单时，我们通常会更幸福。因此，与幸福水平相关的并不是你拥有的衬衫或汽车的数量，而是那些你可以回顾并珍惜的生活经历，那些可以唤起你的感恩之情的经历。

比如，你参加的浮潜课让你观察到了水下生物，你去邻近城市观光时参观了那里的果园……这些经历会长时间地停留在你的脑海里，你可以怀着感恩和喜悦的心情回想起当时的美好。

结语

感恩常常见诸笔端,我们也时常被告诫要心怀感恩,因为感恩能带给我们幸福。这当然是积极的建议。但并没有人告诉我们为什么我们必须感恩,也没有人告诉我们身处逆境时感恩会如何改变我们的生活,让我们切切实实地感受到幸福。了解感恩背后的理论依据,可以让我们的生活更加充实、更加安宁。而使用感恩的策略——比如利用敬畏或超然的感觉(这是人类最深刻的感觉之一)——可以让我们充满生命力。

第4章

人际关系：
美好生活的序曲

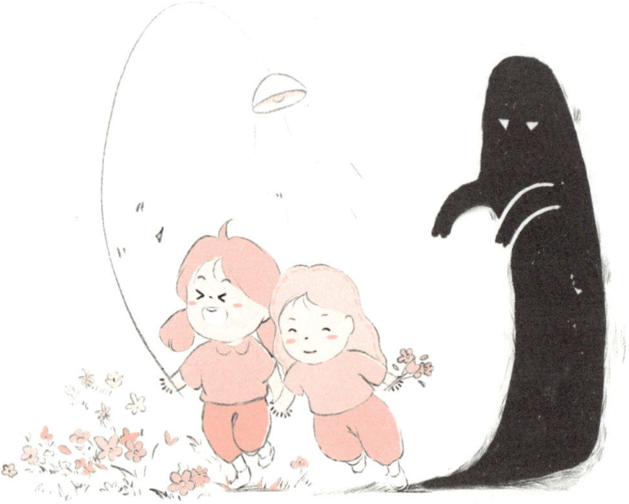

人际关系在我们的生活中占据重要的地位。从我们呱呱坠地的那天起，人际关系就开始塑造我们的人生轨迹，而我们又反过来塑造我们所处的人际关系。人际关系由多个重要元素组成。我们将在本章探讨人类对人际关系的需求，以及精神创伤如何阻碍人际关系的发展。我们还将探讨以下话题：促使我们报复某人的原因以及报复对我们的影响，在沮丧或生气时发泄情绪是否有效果，网络上的人际关系等。

人类对人际关系的需求

人际关系对人类的影响举足轻重。与他人的联结能让我们感到安全，给我们一种归属感。下面是著名的马斯洛需求层次理论图，它向我们展现了人类的多种需求。

在图中，我们可以看到，位于金字塔底部的是人类的生理需求（我们都有对食物、空气、水分、居所的基本需求）。再往上看，是我们对安全的需求，比如有安全感、能掌控自己的生活。当这些需求得到满足后，我们会渴望得到爱与归属感。我们希望我们与别人是有联结的。因此，我们会借由温暖的亲密关系、友情或群体寻求社会联结。

自我实现
渴望成为最好的自己

尊重
尊严，自尊，地位，认可，力量，自由

爱与归属感
友情，亲密关系，家庭，联结感

安全需求
个人安全，就业，资源，健康，财产

生理需求
空气，水分，食物，居所，睡眠，衣服，繁衍

> 身为人类,我们有归属感,渴望融入群体或团队——那里可能有十个人,也可能只有两个人。

建立社交网络的重要性不可小觑。获得社会支持可以增强我们在压力之下的复原力。当我们感受到外界的支持时,我们就有了挺过难关的动力,我们也会从更积极的视角看待困难或压力。

哈佛大学的研究人员声称,拥有坚实牢固、相互扶持的人际关系也与美好的生活相关。哈佛医学院精神病学教授乔治·韦兰特坦言:"温暖的亲密关系是美好生活最重要的序曲。"1972年,乔治·韦兰特成为"哈佛长期跟踪研究"的负责人。这是关于成年发展的长期研究之一。该研究始于1938年,最初的目的是找到"幸福和健康生活"的秘诀。200多名哈佛学生接受了持续多年的追踪调查。研究人员查看了他们的医疗记录,让他们填写调查问卷并接受采访。通过这些,我们了解到这些学生人生的起起落落，发现了让生活有价值的事情——人际关系正是其中重要的一项。

这项研究表明，亲密关系是决定日后能否成功的关键，尤其是经济上的成功。温暖的亲密关系和坚实牢固的情感纽带对我们的心理健康大有裨益。成年后，家庭关系和谐也似乎更有利于赚钱。在这项研究中，与兄弟姐妹、母亲关系和睦的男性往往比那些关系欠佳的男性收入更高。因此，拥有积极的人际关系不仅对健康有益，而且还有溢出效应，惠及生活中看似不相关的领域。

我们都知道，如果没有相互扶持的人际关系，可能对我们的事业产生不良影响。而没有朋友会让我们体会到孤独。研究表明，孤独感对健康的危害相当于每天抽15支烟。尽管对健康有诸多不利，但全球的孤独人群仍不在少数。根据世界卫生组织的数据，老年人口中孤独人群的比例占到了三分之一。此外，世界各地约有9%～14%的青少年感到孤独。孤独的诱因不一而足，其中就包括经历创伤。

精神创伤、孤立及其他后果

如果人们在生活中遭遇创伤性事件，人际关系就会受挫。在一项研究中，瑞尔森大学和哈佛医学院的研究人员记录了劳伦和丈夫布拉德利的真实案例。这对夫妇经历了创伤，孤独成了劳伦生活的重心。"人际关系"在他们的故事中扮演了关键角色。参与研究的艾米·布朗·鲍尔斯、斯蒂芬尼·弗雷德曼、桑娅·万克林和坎迪斯·蒙森在《临床心理学杂志》上概述了当时的情况。

劳伦和布拉德利热切地等待着儿子的出生。但从劳伦因腹部痉挛去医院检查的那一天起，噩梦就开始了。医生没有监测到胎心，随后为她安排了引产手术。这件事带给她的恐惧和震惊对她产生了深远的影响。

引产后，劳伦时而异常愤怒，时而悲伤或急躁。一连串的情绪波动导致她把自己孤立起来。她觉得最亲近的人都背叛了她，和布拉德利的关系也走向破裂。劳伦觉得丈夫不理解她，有意疏远了丈夫——她感到内心孤独。

胎死腹中这件事不仅动摇了劳伦对公正世界的信念，而且让她开始怀疑厄运的到来是自己的错。她觉得自己被上帝背弃了,也没有得到丈夫的理解,因为他对死胎事件的处理方式与她不同(丈夫的做法是向亲友求助)。于是,她与上帝以及丈夫的关系都急转直下。

布拉德利认为让妻子重新快乐起来是他责任,于是,每当她说出消极的想法或感受时,他总是想办法去"解决"。但这种做法只会让劳伦感到愤怒和沮丧——她只想被倾听,不想别人提建议。于是,她开始疏远丈夫,不再说心里话。

布拉德利希望解决问题,是因为他想当个好丈夫。他觉得如果不能解决劳伦的问题,自己作为丈夫就很失败。这让我想起了我母亲罹患癌症的经历。有时,她对朋友倾诉疼痛或呼吸困难等症状,她的朋友会跟她说要"更加乐观",或者"试试A(或B或C)治疗方案"。虽然她的朋友们很想帮她,但这种关心只会让她觉得自己没有得到真正的理解。这让她感到孤独。母亲把这个情况告诉了我,说"人们只希望被理解、被倾听,他们不希望别人提建议",尤其是在他们没有主动寻求建议的前提下。

还有一种情况是,有时人们只是想倾诉他们当下由创伤造成的痛苦感受，但我们却认为，如果顺着他们的话说下去，会不利于他们康复。所以我们没有接他们的话茬，因为我们想让他们摆脱这种消极思维的循环。但只关注积极的一面（只给他们喊"加油"）而忽略消极的一面，会阻碍治愈的进程。劳伦和布拉德利的情况正是如此。布拉德利有意不和劳伦发泄消极情绪（包括他自己因创伤性事件而产生的焦虑），这让劳伦感到孤独，从而削弱了他们情感上的亲密度。

劳伦患有创伤后应激障碍。她经历了情绪闪回和噩梦，并开始回避让她回想起创伤性事件的一切：与怀孕相关的事情，甚至是那些对生活心满意足的人。她发现，当自己的生活过得一团糟时，就不愿意看到别人的幸福。这种心态把她推向孤独。

后来，劳伦和布拉德利向治疗师求助，开始重建他们的关系。每当劳伦想倾诉时，布拉德利就会认真地倾听。他们也共同面对自己的恐惧，不再回避不舒服的环境（比如让劳伦想起创伤的那些地方），而是开始慢慢地适应那些环境。例如，有一天，他们开车去了做引产手术的医院的停车场。当我们身处逆境时，如果身边有一个支持者，往往更容易面对——这就是人际关系派上用场的地方。

有丈夫在身边，劳伦也学会了放弃对结果的控制和确定性的需求。死胎事件似乎让她对事情不敢抱有希望并采取积极的措施，她变得格外谨慎，以防事情走下坡路。所以，当她发现自己再次怀孕时，一开始并不想服用必要的维生素，也不想及时去做超声波检查，因为她担心再次发生不幸。这是一种防御机制——她在保护自己，不想太乐观、太开心，以免结局难堪。

在治疗过程中，医生教劳伦以好奇的心态去思考负面事件，看看它们是否有可取之处。在布拉德利的陪伴下，劳伦想到了这样一个事实：有些不好好照顾自己的人——她们滥用药物、酗酒——却生下了健康的孩子，而有些很有钱并享受最好医疗服务的人却可能流产。毫无疑问，一起思考这些问题有助于改善他们的关系。

劳伦和布拉德利一起挑战了思考负面事件。她想到，有时候，无论我们付出多少努力，也不管我们拥有多少财富，结果都有可能不尽如人意。我们能做的只有朝着正确的方向采取必要的措施，然后顺其自然就好。

对这些情况的思考让劳伦意识到，她可以放下控制结果的执念。劳伦发现自己确实很在意第二次怀孕的情况，她确实想采取必要的措施确保怀孕顺利。于是她学会了与自己和解。她开始为自己的健康和未出生的孩子做正确的事情。劳伦决定服用孕期必需的维生素。

故事的结局很圆满。劳伦产下一名女婴，她和丈夫为此欣喜若狂。他们接受了治疗，学会了重新振作，夫妻关系也重回正轨。

这个故事告诉我们，遭受重创时有人陪伴在我们身边是多么重要。通过和亲密之人沟通，问题就能迎刃而解。但创伤也会破坏我们的亲密关系，与专业人士等第三方合作有助于修复关系。

报复

探讨了人际关系积极的一面后，现在我们把关注点转向消极的一面。我们要讨论的是与创伤、人际关系密切相关的一个话题：报复。

经常有人找我诉苦，说有人冤枉了他们，他们想实施报复。但这样做真的好吗？在人际关系中，我们应该在什么时候反击，说出我们该说的话，或者实施报复？

如果有人惹你心烦，或者伤害了你，你就会很想报复。如果你童年过得悲惨，或者你曾被朋友或同事欺负，这些经历让你精神受创，你应该报复这些犯错的人吗？

如果你觉得有人夺走了你人生中的机会，或者破坏了你的人际关系，又或者以某种方式伤害了你，报复的念头可能就会占据上风。但正如我们将在本章后面看到的，报复伤害我们的人在理论上似乎合情合理，实际上并不是。对背叛或伤害我们的人以牙还牙进行报复，的确会让我们暂时出一口恶气——我们会觉得正义得到了伸张——但这种感觉会稍纵即逝。扬眉吐气的感受很快就会消散。我们又会回到起点：情绪低落。最重要的是，我们发现复仇计划落空了。我们可能还要处理创伤的后遗症，所以报复冒犯者并不能抹去已经发生的不幸现实。

报复的方式有很多。也许是某个亲人去世了，我们却为此怪罪某一个人。有些人把报复看作对逝者表示忠心的一种方式，认为这是在表达对这段不复存在的关系的极度忠诚。他们也许认为，通过伤害做了坏事的人，他们就了却了心愿，为死去的亲人伸张了正义。但是，他们之所以这么做，很可能是因为他们无法接受所珍视的朋友或家人去世的事实。他们觉得自己是在替朋友或家人实施报复，就好像是逝者示意他们去做的一样。但这是不可能的事，因为那个人已经不在了。

作为人类，我们都希望生活在一个安全的世界里，我们常常认为生命是公平和可预测的。我们愿意相信我们所爱的人是自然死亡或死于衰老，而不是因为另一个人的行为或错误而丧命。这种对可预测性的假设使我们以为自己能够掌控一切。如果感受不到生活中的安全和有序，我们就会不安。

当有人给我们所爱的人带来痛苦或伤害我们，我们因此而受到创伤时，我们的世界观和信仰体系也会因此而动摇。创伤性事件会让人很难再相信"人生是公平的"，也很难再相信"好人会有好报"。当创伤性事件把你的世界搅得天翻地覆时，复仇就成了我们坚守公平信念的一种方式。如果有人作恶,我们就希望这个人能遭到报应。因此,通过实施报复,我们就能坚守我们自古以来对公平的信念。

> 我们认为人生是公平的,但事实并非如此。放下这样的假设,可以让你更容易放下复仇的幻想,继续过好自己的人生。

一项研究对在"9·11"恐怖袭击前接受评估的一批受试者展开调查——评估的是他们对世界公正的信任程度。相信世界公正是指相信世界是稳定有序的,人人都能得到他们应得的。这项研究的受试者接受了多项评估,比如:

⊙我觉得这个世界对人们是公平的。
⊙我觉得人人得到了他们应得的。
⊙我觉得人们生活不幸,完全是咎由自取。

在袭击发生前和发生后不久，这些受试者接受了不同方式的评估。结果显示，那些对世界公正的信念最坚定的受试者在袭击发生后遭受了更多的痛苦：他们表现出极度的悲伤，复仇的欲望也最强烈。为什么会这样呢？一种解释是，当生活给了你一记重拳，尤其是重击了你坚守的信念时，你就丧失了在这个世界的立足点。因此，为了找回正义和稳定感，你就会爆发出复仇的欲望。

然而，尽管创伤性事件会激怒我们，并且会挑起我们报复的欲望，但作恶者仍然可以毫发无伤且逍遥法外——这在虐童事件中也可能发生。被虐待的孩子很快会明白生活是不公平的，他们必须靠自己；没有人能帮他们脱离危险。那些被他人伤害或背叛过的人在陈述悲惨遭遇时，总是难敌无力感和羞耻感的侵扰。

因此，人们想要实施报复的原因之一可能是想一雪前耻，做一个了结。他们可能会觉得自己还有未了的心愿，并且相信通过复仇他们可以痊愈。

> 人们有时会寻求报复来做个了结。他们可能有未了的心愿,相信报复会让他们心安。但事实恰恰相反。

你或许听说过"君子报仇,十年不晚"的说法。但报复真的能让我们心安吗?

有复仇念头的人以为,报复会让他们感觉好一些。但现实情况正好相反。我们往往很难预测自己的情绪,并且很容易做出错误预测。尽管我们以为实施报复后会心情舒畅——并且在实施报复行为时确实会感受到片刻的快乐——但这种快乐往往非常短暂。那些一心想着复仇并实施计划的人,更难让自己在精神上从事件中解脱出来。进行报复的时候,你心里可能确实会很痛快,但一段时间后,你会更难受。你会不由自主地去想发生过的事。你会沉湎在这种思绪中无法自拔,这反而会让你的情绪更加低落。

复仇就像回旋镖一样,会回来困扰你。如果你不进行报复,就更容易继续前行。如果你的思绪不再集中在那个不曾善待你的人身上，而是转移到别的事情上，你就能把注意力从对冒犯者的愤怒上转移开。这样一来，负面情绪的影响就会减弱。

发泄有用吗

报复是一种释放积压的愤懑或发泄情绪的方式。一些理论认为，如果某件事让我们感到沮丧或愤怒，我们的内心就会积聚压力。为了把自己从压力中解放出来，我们必须用某种方式释放掉压力，否则，我们可能会因为愤怒而爆炸。这就是为什么在多年前，你可能听到这样的建议：应该把气撒在某个物体上，或者为情绪找一个发泄口——鼓励你与其去打人，不如去打沙袋或者躲在房间里尖叫。人们普遍认为，这样做有助于宣泄情绪。宣泄情绪将使你释放掉内心的积郁。如果你有积压已久的愤懑（人们怀有报复心理时往往会有这种感觉），释放掉这些情绪会让你好受些——至少人们曾经是这样认为的。时至今日，还是有人会提出这样的建议。

著名的精神分析学家西格蒙德·弗洛伊德也认为，释放敌对情绪比放任它们在体内滋长要好。但后来的研究发现,这种宣泄式释放情绪的方式并不会产生预期的效果,反而可能火上浇油。因此,放纵自己的攻击行为(比如,捶打床垫并想象是做坏事的人正在受罚),非但不会让你的内心更平静,实际上还可能会让你变得更有攻击性。

宣泄愤怒可能会适得其反

爱荷华州立大学的布拉德·布什曼博士针对上述现象做过研究。他对人类的攻击性和暴力进行了广泛的研究,并参与了美国总统委员会对枪支暴力的调查。在由他主导的一项研究中,有600位受试者被要求写一篇文章,写完文章后,他们又被引导着去相信文章会交给其他人评估。研究人员带回来的评估结果并不乐观,所有文章的评分都不高。甚至有一条评论是这样写的:"这是我读过的写得最差劲的文章之一!"这样做的目的是激起受试者的愤怒情绪。

随后,受试者被分成三组。研究人员向第一组的每位受试者都出示了一张照片,并告知他们照片上的这个人就是批评他们文章写得差劲的那个人。接着,第一组的受试者按指示去击打沙袋,边打边想着照片上的那个人。第二组受试者也被要求去击打沙袋,但他们被告知在击打沙袋的时候心里要想着自己会变得健康——给他们看的照片上有人正在锻炼身体。第三组受试者什么都不用做,只需要静静地和实验人员一起坐几分钟。在此之后,每位受试者都(单独)参加了一个竞技游戏,与他们被引导相信是批评过自己文章的人进行比赛。在游戏过程中,允许受试者向对手发泄情绪。结果表明,第一组的受试者最愤怒,甚至出现了攻击行为。事实表明,一边想着冒犯者一边击打沙袋的发泄方式并不能让他们心情变好。有意思的是,那些不报复、不宣泄情绪,只是静静坐着的受试者表现得最平和。他们的怒气值最低,攻击性也最弱。因此,击打沙袋,把它假想成"敌人"去发泄愤怒,对大脑并没有什么好处,反而会让事情变得更糟,导致你的负面情绪愈演愈烈。

与其发泄情绪,不如把关注点从冒犯者
　　身上转回到自己身上。

　　与其发泄情绪,不如想想如何离你的目标和梦想更近一些,把其他的一切统统放下——如果你想报复,这么做也适用。毕竟,"好好活着就是最好的报复"这句话说得再正确不过了。

网络人际关系

　　现在换个话题吧。我要讲述的是本章最后一个重要内容:网络世界。这是一个重要的话题,因为许多人倾向于在网络上分享生活。而对有些人来说,网络世界却是创伤性欺凌或骚扰的源头。除此之外,社交媒体成瘾的问题也不容小觑。因此,我们有必要在网络世界的背景下看待人际关系,也有必要展开讨论。一项涉及32个国家的研究表明,各个国家对社交媒体成瘾的百分率估计值存在很大的差异,百分率估计值之间的差异甚至达到31%。某些在线社交媒体平台迅速走红，深受年轻人的青睐。在英国，照片墙（Instagram）、抖音国际版（TikTok）和优兔（YouTube）是12～15岁青少年获取资讯的头部平台。美国于2022年4月至5月进行的一项针对1000多名13～17岁青少年的调查发现，95%的青少年使用优兔。许多青少年也使用抖音国际版，其中16%的人"几乎不间断"使用。世界各地的人们都在频繁使用社交媒体，虽然社交媒体有它积极的一面（比如，方便联系、学习新事物），但也存在负面影响（会引发负面情绪，如悲伤和内疚）。

网络世界会影响你如何看待自己，也会影响你与他人的关系。

我想和你们分享这些年来我从学员那里接收到的相关信息。下面这条信息是利昂发给我的，在他眼里，社交媒体就像含酒精的饮料：

> 我发现自己养成了这样的习惯：每当生活中发生消极的事情，让我感到沮丧或情绪低落时，我就会打开即时通信应用寻求解决办法。通常来说，这

会让我陷入更糟糕的情绪旋涡，因为没有人给我发信息（或者有回应的不是我期待的那个人）。在我意识到了这一点之后，每当我心里难受的时候，我知道我会有查看所有即时通信应用的冲动。于是，每当这个时候，我就会压制住冲动，等待这种感觉消失。每当战胜这种冲动时，我会感到自豪，觉得自己变强大了。

社交媒体看似可以解决问题。在你感到孤独或被孤立，又或者生活的某个方面出了问题时，你可能会被诱使着立即去其中一个平台获取即时满足。可是，看到其他人发布的所谓完美生活的帖子，你又会更加沮丧。

众所周知，社交媒体有诸多优点：让你觉得有人支持你，让你有机会与别人分享你的经历。但社交媒体也有缺点。其中之一就是"对比效应"，即我们看到别人的帖子时，会觉得自己的生活不如别人。但必须提请注意的是，这些帖子展示的往往是别人生活中的亮点，并不能代表全部实情。看了这些帖子，你可能会觉得每个人看起来都那么幸福、那么成功，对比之下，你会对自己的生活甚至自己的身材感到自卑和不满。与全球用户超10亿人的热门社交媒体平台相关联的问题之一就是身材形象问题，这在十几岁的女孩中尤为突出。如果我们把自己的身材与网上那些精挑细选并修饰过的照片进行比较，就有可能受到伤害。

"脸书忌妒"一词也应运而生，用来说明社交媒体如何影响我们以及我们与他人的关系。当人们登录社交媒体，看到好友们拥有完美的工作、完美的伴侣、完美的一切时，心里很不是滋味，尤其是如果你自己的生活并不如意。浏览这些照片会激起忌妒情绪，令人痛苦不堪，因此才有了"脸书忌妒"这个词。但这种现象并非脸书（Facebook）独有；我们可以推断，任何鼓动对比效应的平台都会引发忌妒情绪。

对比效应对那些心理健康状况不佳的人尤为有害。如果你有抑郁倾向，那么网络世界就是个危险之地。如果你正遭受痛苦，你周围的环境应该是平和宁静的。而登录社交媒体时，那里的环境会让你烦躁不安：人人都在炫耀，这很可能刺激你产生忌妒的情绪。

产生忌妒情绪的原因有很多：如果我们拿自己的真

实生活与别人发布在网上的光鲜生活做比较，生活中的不完美就会凸显出来。社交媒体平台还会在用户之间营造一种"等级感"——由粉丝数量和帖子点赞数量带来的。如果你的"好友"列表上只有零星几个人，或者你发布的帖子没有收到点赞，你就会觉得尴尬，感到不开心。这会让你觉得有一种想象中的阶梯正在成形，谁能占据阶梯的高位，完全取决于其在网上的受欢迎程度。

在这类平台上获得点赞也会让你感到满足：你会分泌多巴胺，这是一种与快乐相关的大脑化学物质。如果有人喜欢我们发布的内容，我们就能获得愉悦的感受。而我们体验到这些愉悦感受的次数越多，就会越渴望它们、追寻它们。加利福尼亚大学洛杉矶分校的"阿曼森-洛夫莱斯脑电图中心"对32名13岁到18岁的青少年进行了研究。研究人员使用功能性磁共振成像技术观察青少年在使用社交媒体时的大脑活动。受试者看到自己的照片被大量点赞后，大脑的许多区域都出现了活动，包括一个与奖励相关的区域。其他研究也表明，经常上网和大量接触社交媒体平台会对大脑产生影响。

错失恐惧症

社交媒体的另一个问题是，它有可能导致错失恐惧症。你可以选择不上网。与此同时，如果你不上网，就看不到一些活动页面，也就不能和朋友一起报名参加活动；你也会担心自己交不到新朋友。

在读本科期间，我经常登录一个社交网站。我会收到有关正在进行的活动通知，因为我不可能总是去参加这些活动，所以我会觉得自己有可能错过很多。过了几年之后，我偶尔会决定完全脱离社交媒体。那段时间，我一点也不觉得自己错过了什么——事实上，我的感觉恰恰相反。我感到一种平静，我的内心非常平和。现在，我仍然还会使用社交媒体，但使用的频率比以前低多了。

社交媒体还可能让人上瘾，这是另一个值得深思的问题。我想与你分享我收到的与此相关的信息。以下是索菲给我的留言：

> 我记得以前每次看到那个显示收到信息数量的亮红色圆圈，我都会异常兴奋；它会让我对某

些东西渴望到几乎是痛苦的程度。我迫不及待地打开信息，想看看是什么内容，又是谁发来的。更多时候，我会很失望，因为没有收到我期盼的人发来的信息。但是当我收到尼尔发来的信息时，肾上腺素会突然冲上大脑，一股幸福的感觉传遍我的全身，一时间我睡意全无，精神百倍。那一刻，周围的世界仿佛不存在了，也不再重要了，我幸福得飘飘欲仙。就这样，脸书的信息传递系统把我迷得神魂颠倒。那个显示收到信息数量的亮红色圆圈让我欲生欲死。

这就是为什么迄今为止我最难戒掉的习惯是沉迷于脸书。我也认识到，那种我很受欢迎并被邀请参加所有活动（都是些群发的邀约）的感觉其实是一种幻觉。我最终没有参加其中大多数活动，而和我在脸书上互动的人跟我也并不亲近。现实世界里才有我真正的朋友。

当我决定不再用脸书传送消息时（我以前经常和好友丽贝卡互发消息），烦恼就来了。我发现我和丽贝卡再也不见面了。当我们在脸书上断联时，我意识到我们有些疏远了,这让我觉得心里空落落的。我真的有点生她的气,觉得是她抛弃了我。但在决定放弃脸书之后的两个月里,我对丽贝卡的思念渐渐减少了。我不再觉得她或其他脸书好友忙着过自己的幸福生活(看他们发布的照片就知道,他们看起来很忙碌,也很成功,还会秀恩爱)而对我不理不睬。我慢慢地忘记了这些"电子"人,开始过自己的生活。

现在我终于放下了脸书,我感觉更幸福了。我终于放下了,也更幸福了。直到今天丽贝卡给我打来电话,我这才又想起了她。她联系我时我很开心,不是因为她给了我一点关注,也不是因为她偶尔的关心,而是因为我忙着过自己的生活,我生活在现实中,而不是虚幻的电子世界里。

下面是玛拉的故事:

我告诫自己周四下午6点之前不能刷脸书,但我不知道我的意志力究竟出了什么问题。我根本撑不到周四，昨晚就去刷了。我控制不住自己——就像中邪了一样扑向脸书的登录界面，手指在键盘上一路狂奔，飞快地输入用户名和密码。今天我又刷了一整天，借口是我必须回复朋友关于周六聚会的消息。一再的食言，真的让我很难相信自己。在社交媒体面前，我的诺言简直一文不值。

那么，如何使用社交媒体才对我们有益？特别是，如何使用才能对我们的人际关系有益呢？

社交媒体本身是有利于维持或加强人际关系的。如果你在网络平台能感觉到支持的力量，你和网友之间的互动是积极的，这当然是一个好现象。不过，你要问自己几个关键问题：你是不是上网的时间太多，导致用于现实生活的时间不够？你是否有足够的时间与他人面对面交流？掌握平衡才是关键。

> 通过意识到我们的行为模式,我们可以选择不同的行动路线。

网络世界会激起我们对现实生活的不满。但它也可以是一个激发活力、呼朋唤友的好去处——一个吸纳全球人士聚集和互动的地方。社交媒体平台确实大受欢迎,越来越多的人把时间花在网络世界中。如果我们能理智地使用它们,它们就是人际交往、建立人脉的重要资源。

结语

人际关系可以缓解高压力,帮助我们扛过人生的低潮期。

融入人际关系对我们的心理健康非常有益,而且会让我们产生一种社群意识。人际关系赋予我们归属感,让我们感到安全。如果我们把重心放在与善待我们的人建立牢固的关系上,身心健康就有了保障。下一章我们将探讨与自己和他人建立良好关系的策略。

第5章

拥抱关系中的微小瞬间

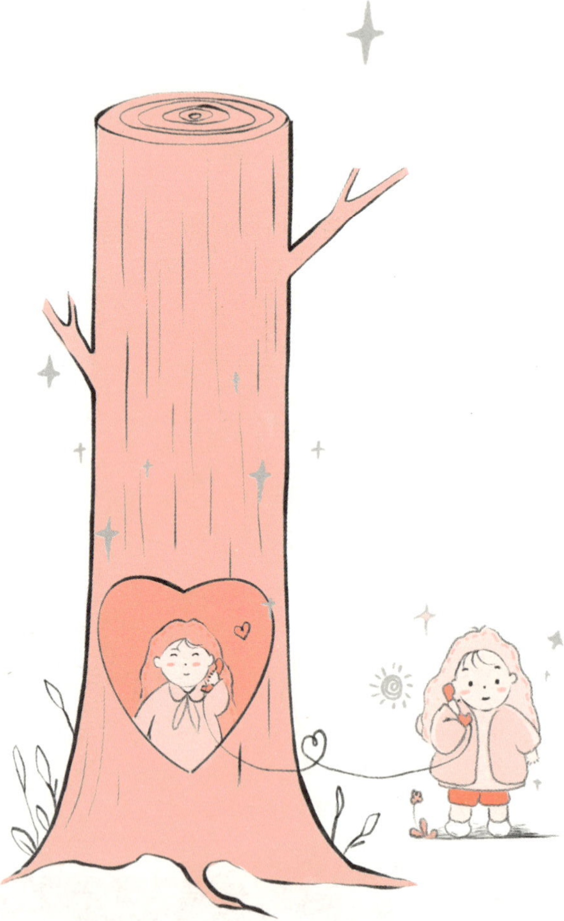

本章着眼于建立并加强人际关系的策略。我们将讨论如何播下新关系的种子，建立新的联系，以及为什么要善待自己，如何在善待自己的基础上改善人际关系。由于人际关系是精神创伤的核心议题，本章将提供一些策略帮助你建立并加强人际关系。同时，你还会了解到在遇到困难没有人可以依靠时该怎么做。

应急策略

人际关系是一个复杂的话题，但如果你需要这方面的策略，不妨试试下面两个练习。这两个练习虽然看起来很简单，却会对我们的人际关系产生深刻的影响。

⊙接受自己和他人的感受。我们与他人的关系始于我们与自己的关系。这是与他人建立和发展牢固的关系最重要的事之一，一定要牢记这一点。当你开始接纳自己，特别是自己内心的真实感受时，你就是在接纳他人的内心感受。无论这些感受是愤怒还是悲伤，如果你能轻轻地将它们捧在手心，就像善解人意的父母抱起哭泣的婴儿那样，你就更能包容他人的情绪。如果你不再用消极的眼光看待自己的情绪，你也就能接受他人的内心世界。

⊙ 如果你亲近的人经历过创伤，想向你吐露心声，你只需要倾听就好，不要提建议。在上一章，我们看过劳伦和丈夫布拉德利的经历。他们接受了治疗，掌握了让他们更好地理解创伤以及走出创伤的策略。他们还学会了更好的沟通方式：布拉德利学会了只倾听，不提建议。

长期策略

下面是建立并加强人际关系的长期策略。如果你正经历创伤，该如何利用人际关系寻求支持？在你的一生中，你应该和哪些人保持密切联系？

1.聊聊经历

当我们处于低谷时，求助他人有助于我们复原。和你信任的人聊聊你的经历，比如亲密的朋友或家人，不仅能加深你们之间的感情，还能帮助你更好地看待自己面临的问题。

如果创伤导致你与伴侣或生命中的其他人有些疏远，那么求助于互助小组可能是一个不错的选择。有时候，人们发现就事论事很有用，但有时候他们又希望只关注自己当前的感受以及这些感受对他们的影响。

如果你加入互助小组，和别人倾诉你的经历，你就有机会讲述这段创伤经历，并把点点滴滴都关联起来——你会把苦难的过去和现在拼凑在一起，开始理解自己的感受。但关键是要找对聊天对象，这个人不会对你品头论足，而会给足你安全感。

如果你觉得有必要卸下负担，而不是把情绪憋在心里，不妨把感受用语言表达出来。加利福尼亚大学洛杉矶分校的一项研究证实，当我们在受挫后表达情绪时，杏仁核的反应会减弱。杏仁核是大脑参与处理情绪反应的区域。表达负面情绪会对大脑产生影响，而这背后的机制可以让你更好地应对消极的情绪体验。

假设有一天晚上你在小区附近散步时被骚扰了，你为此很担心自己的安全。在这件事之后，你开始害怕离家外出。那么，找人聊聊这段经历——可以去互助小组，也可以找有经验的专业人士——或许可以解开你心里的疙瘩，你也能更好地理解这段经历以及它对你的影响。你聊得越多，就越能在下次外出散步时更好地管理和体验。

2. 重新评估哪些关系值得你优先考虑

在日常生活中，我们都渴望与他人亲近，渴望友谊或爱情。但重要的是要和值得且总想把最好的给我们的人在一起。这对我们的日常生活非常关键，尤其当你遇到难事时更是如此。

什么才是有价值的人际关系？有价值的人际关系指的是和可靠和值得信赖的人之间的关系。这是一个很好的衡量标准，你可以用它来决定哪些人能继续留在你的生命里。随着年岁渐长,阅历也在丰富,我们在了解别人的同时自己也在不断成长。也许在年轻的时候,你被某些人吸引,对他们敞开心扉。也许更年少的时候,某些人在你的生命中占据了"优先位置"。但随着生活经验的积累,你可能会对这些人有了不同的看法。也许你开始意识到你们之间没有你想象中那么多的共同点,或者你们的目标方向不同。也许你意识到他们对你有负面影响。比如,你想疏远一位酒友,因为这个人在你想戒酒的时候怂恿你继续喝酒。这个酒友曾经让你感到很快乐,觉得没那么孤单,可现在你希望重塑自己的生活。

> 在你的人生历程中,其他人的优先位置上下浮动:他们可能会从密友降级为熟人。人生无常,友情和爱情也是如此。

重要的是,你要知道这是很正常的,也是我们成长路上的重要部分。我们没必要为此感到难过。

任何在你的生命中占据优先位置的人都应该是值得你交往的人。而让你失望的人，你要离他们远一点。你应该少和这些人待在一起，或者在某些情况下，如果他们夺走了你现在拥有的东西，那就把他们从你的生活中剔除。

明白什么时候该远离朋友，什么时候该亲近他们，是人生的智慧。生活不是一成不变的，我们的友情也不应该如此。

几年前，我在一次聚会上和凯蒂聊天，她提起了她高中时的一位朋友。她说，她们上学时常常形影不离：会互相去对方的家，会一起参加派对，中午放学也会一起吃午饭。她的朋友常常很消极，会忌妒别人，这一点她很不喜欢。她的这位朋友是那种很难相处的人，因为总是说负能量的话。和她相处一段时间，你会感觉心力交瘁。但凯蒂当时并没有觉察到这些负面影响，直到几年后，她确定了自己想从生活和人际关系中得到什么时，这才明白过来。她意识到自己在生活中需要交往的是积极向上的人。

当凯蒂和她的朋友渐渐长大并相继搬家后，凯蒂告诉我，她决定在情感上疏远那个朋友。凯蒂开始减少和她聊天的频率，并最终决定分开。她意识到那个朋友对自己的影响太消极，于是就去找其他人分享自己的新生活。在动物救助中心做志愿者时，凯蒂认识了一对年轻夫妇。每次和他们聊天，凯蒂都感到内心非常平和，一点都不累。她和这对夫妇有共同的目标——从事志愿服务，为更崇高的利益尽绵薄之力，这让她有了一种社群意识。和他们相处一段时间后，凯蒂感到很满足。她找到了志同道合的朋友。

3. 问问对方："为什么这件事对你很重要？"

也许此刻你的人际关系受阻，于是渴望把新朋友带进自己的生活，或者建立人脉。这个策略可以帮助你把新的关系提升到全新的水平。要做到这一点，你必须要了解对于新结交的朋友来说什么是重要的：他们的动力是什么？他们的希望和恐惧又是什么？

就像看冰山一样，在和别人交谈时，我们只会看到表面的东西，比如他们的外表、语气和肢体语言。

但如果你通过提问去深入了解那个人，就会窥探到这座"冰山"隐藏在水下的主体结构，也就是他不常与人分享，但对他非常重要的信息。可以说，正是这些信息造就了我们。所有这些信息都深藏在表象之下。当我们的话题开始触及这些信息时，我们才会觉得和聊天对象更亲近。

所以，当你去参加聚会时，要努力聊一些更有意义的话题，比如某人的内心世界，为什么这件事对他很重要。打个比方，如果你遇到一个年轻人，他告诉你他想离开从小生活的小镇，你可以问他："为什么这件事对你很重要？"不要只听他陈述事实，而要去了解他的真实想法。当你用理解的语气问他"为什么这件事对你很重要？"时，他就会袒露心声，分享更多细节。比如，他想离开小镇是因为不想再和父母住一起，他想要独立。或者，他在小镇上觉得很孤独，想去别的更有活力的地方。我们要了解一个人，就必须了解其内在驱动力——他的希望、恐惧和动机分别是什么。

4.开口前请三思

如果你想加强与别人的关系，还有一个小技巧，可以在你和正经历困难的人交谈时使用。

也许你正在工作，或者正和朋友喝咖啡，坐在你面前的人向你大吐苦水，而他的经历让你想起了发生在自己身上的类似事件。于是你迫不及待地想要分享。对方一停下来，你就急切地讲起了自己的经历：也许是你发现自己和朋友一样被骗了，或者被抢劫了。有时人们这样做是为了拉近与交谈对象的距离。可结果却恰恰相反。为什么呢？

的确，许多人在生活中都有过类似的经历——找到了新工作，和伴侣分手，亲人去世——所以当有人开口倾诉苦恼时，你会立马插嘴说"我知道你的感受"，然后开始大谈特谈发生在自己身上的类似经历，这样一来，对方会觉得自己被无视了。你可能认为自己是在表达共情，但别人却没有这种感觉。仅仅是类似的事情发生在你身上并不意味着你就懂得对方的感受。这是你的经历，不是他们的。你不知道他们的感受，所以也就不可能有共鸣。当你认真倾听并接受和理解他们的心声时，他们才会感受到被重视。所以，把自己类似的经历深埋在心底，认真倾听对方的心声吧。

在我上小学的时候，我的老师马修斯先生曾经告诉我们一句简单的话，直到今天我仍然对这句话记忆犹新，他说："只有站在对方的立场上思考，你才能真正地了解一个人。"仅仅是你有过类似的经历，比如分手，并不意味着你和你的朋友就有同样的感受。

5.敢于冒险，坦诚以待

如果你过去被人伤害过，或者被朋友辜负过，那么你自然会很谨慎地和新认识的朋友相处。许多人第一次和对方见面时都会保持警惕。你可能会在交谈时格外谨慎，说些无关痛痒的话题，也不会深入表达自己的观点。慎重对待不认识的人是明智之举，但敢于冒险也有可取之处——尤其是当你真的想了解你面前的人时。如果你打开心扉，讲述童年的往事，聊起你收集的纪念品和它对你的意义，以及其他透露更多自己信息的话题，对方也会乐于分享。你越是敞开心扉，别人也越会跟着放松警惕。他们会对你产生亲切感，了解你的内心。

> 如果你敢于冒险，敞开心扉，别人就会向你投去关注的目光。

这是让别人可以更多地了解你的生活的一种方式，比如了解你的口味、你喜欢吃的食物、你是否养宠物，等等。任何能让别人更了解你的东西，在结交新朋友的情况下都很重要。

在网络世界同样可以：你可以试着与亲密的朋友或亲人——你认为值得信赖的人——说说心里话。也许你有一段时间没见到某些人了，你很想念他们，好在现代科技把我们所有人都联通起来。你可以试试看是否有机会与你曾经喜欢共度时光的人重拾友谊。你可以上网开启一场私聊，告诉老友你们上次见面后你都在忙些什么，分享几张你的近照，问问朋友近况如何。也可以发一张你们以前常去的咖啡店的照片。这是一种积极利用社交媒体的方式，你主动参与其中（这对我们的健康更有好处），而不是被动地刷屏。我们常常把别人在网上的默不作声理解为他们在忙自己的生活，没有兴趣和我们交流。但如果你没有做出这样的假设呢?你会采取什么行动?

如果我们敢于冒险,敞开心扉,我们的人际关系就会更加紧密。

我们知道,创伤性事件会妨碍我们的人际关系,并让我们感到孤独。下面是我的一位学员的来信。在我们的辅导课上,她告诉我她的童年过得很悲惨,经常被欺负;她内心的焦虑使她很难建立社会关系。她感到孤独,渴望有人陪伴。后来她遇到了一个朋友,并试着敞开心扉(虽然一开始并不容易),这让她心情好多了;她直面了自己的恐惧,就像前一章劳伦和布拉德利做的那样。

> 前几天我觉得很孤单。那是一个阳光明媚的周六下午,天气很好,所以我决定去剑桥周围散散步,逛逛大学的几个学院。我马上就要离开剑桥大学了,我想在有限的时间里好好地走一走,看一看。我先去了伊曼纽尔学院,那里非常美。当我四处走动的时候,碰到了丹尼尔。我的心几乎停止了

跳动,那一刻我出现了巴甫洛夫条件反射。因为我之前在他身边总是很焦虑,所以这次见到他,焦虑再次涌上心头。我能想到的就是"保持冷静,不要表现出焦虑的一面。做你自己就好"。我们攀谈了几句,我笑了笑,为自己能保持冷静感到满意。

然后我走到了克莱尔学院附近的桥上——这是我最喜欢的地方。我站在那里,眺望着康河。我记得我当时心里想的是,"天哪,这真是美好的一天。"我喜欢待在那里,望着美丽的古老学院,望着眼前行驶着平底船的河流,望着从我面前逐渐消逝的阳光。那一刻,我感到一种深深的孤独和渴望。我记得我向上帝祈祷,希望能找到一个朋友,或者至少不再感到如此形单影只。

我的祈求仿佛辐射到了整个宇宙,因为片刻之后,我曾在克莱尔学院的圣诞舞会上遇到的那个女孩——斯蒂芬妮——就停下来和我打招呼。我们都很高兴见到对方。她问我在做什么,我说我在参观各个学院,只可惜进不去三一学院,因为我把学生证落在家里了。她正好要去三一学院,她说她可以带我进去——这可太好了！于是我们聊着天，在三一学院附近闲逛了一个多小时。真是太棒了。我试着敞开心扉，告诉她我最近看的几部电影，以及我对正在上的课程的看法。我再次感到幸福，就好像我的内心充满了我需要的一切。孤独感和渴望有人陪伴的感觉消失了——我再次感到内心的安定，觉得自己被治愈了。我不再悲伤。我们聊了又聊，虽然我也有紧张、压力大的时候，但并没有表现出焦虑，这让我很高兴。主动交流真的有用，让我走出了自己的"壳"。一周后我又要和斯蒂芬妮见面了，我期待着再次结交新朋友。过去被欺凌的经历让我很难打开心门，但我越是直面恐惧，与人交谈，让他们看到真实的我，我就越能治愈创伤。

6.要和他人建立积极的关系，首先得和自己建立积极的关系

我辅导过的一位学员曾经非常喜欢自我批评；她的成长经历非常坎坷，她的兄弟们一直控制着她，对她吹

毛求疵。这段经历让她伤痕累累。成年后，每次与重要的人交谈，无论这个人是她的老板还是她希望在社交聚会上给其留下深刻印象的人，事后她都会仔细分析对方说过的话，并为自己觉察到的错误自责。她总会复盘自己的谈话，并且总能揪点错误出来批评自己。

如果我们能不再自责，不再说伤害自己的话，我们的心情就会更舒畅。对这位学员来说，关键是消除她对自己的谈话抱有的苛刻期望，并多多关注自己积极的一面，珍惜自己真实的样子。

我推荐她做过一个练习：列出你喜欢自己的五个特点。可以是幽默感，对别人的同理心，诚实、公正，忠诚、好玩、直率的性格——什么都行！即使你不确定，写下来就行。平时多留意自己的积极品质，会让你的内在力量更充盈，也会帮你找回身心完整的感觉。在这些特点的旁边，写下它们给你带来的具体帮助。比如，你克服了某个障碍，或者发生了一些不愉快或令人讨厌的事情，但你还是勇敢面对了。

当我们开始与自己建立积极的关系，开始珍惜自己的时候，就更能接受让别人进入我们的生活。我们与他人的联系也会更加紧密。

你喜欢自己的哪些特点?	
写下你的五个特点。想到什么，就写什么。	写下这个特点在过去或某个特定时间点对你有帮助的事例。
1.	
2.	
3.	
4.	
5.	

7.学会失去

有时候，一段关系会无法维系，尽管我们尽了最大的努力，还是无法挽回对方。也许你曾经犯过错，现在后悔不已，尽管你拼命想办法和对方沟通，但那个人依然不会再回来了。或者你在工作上错失了一个机会，而你认识的某个人得到了这个机会。这让你想发泄心中的怨气，也许你开始有报复的念头，但这只会让你的心情更糟。人生一世，我们必须学会失去。这更有利于我们获得幸福和尊严。不管你多么想挽回那个人，也不管你有多想得到已经失去的机会，有时候放手就是最好的选择。放下执念，或者放下一段没有结果的关系。就像欲望得到满足我们会很开心一样，放手也有很大的价值——这是在人际关系中保持平衡的关键。学会失去吧。

8. 你的安全"气泡"

有时我们和别人交谈时会感到焦虑。你面前的那些人可能会很吵闹或者说话很吓人，你会觉得他们侵犯了你的空间。如果你过去受过欺凌，和这样的人说话会让你感觉特别不舒服。于是你退缩了。但是你一定要记住的是，你是有气泡护身的。我们每个人都被气泡保护着，并且它是一个隐形气泡，没有人能刺破它。你就置身在气泡里。当你和别人见面时，可能会害怕他们，但你必须记住，因为有这个气泡，他们不能随意触碰你，也不能直接凑近你。气泡让我们有安全感，尤其是当我们想要重新回到社交圈，和别人交流的时候。当你在社交场合或者活动中感到紧张时，想想你正被气泡保护着，你就会觉得安心。有它在，你就有了受挫后迈出第一步的底气。

> 记住,你被安全气泡包裹着。这个气泡把你的空间和别人的空间分隔开来。记住这一点可以让我们在踏进外面的世界时更有安全感。

结语

人际关系对我们来说至关重要。我们是社会性动物,如果没有有意义的社会联系,我们会觉得孤独和沮丧。如果花时间培养积极的人际关系,我们的幸福感就会得到提升。要做到这一点,关键是和自己建立一种安全、牢固的关系,并学会利用自己的个性保护自己。如果你感到不安全,身边又没有人可以依靠,那就学会利用自己的个性去保护自己。学会用它抵御风暴,应对外界可能发生的任何事。我们要学会爱自己,学会在混乱无序中信任并依靠你内在的力量。

如果我们在人生中一时跌了跤,牢记这些策略,就有了重新站起来的强大力量。

第6章

复原力：逆境中的自我疗愈

在本章的第一节，我们将探讨复原力，它是一种经历了生活的磨炼后重拾信心、继续前进的能力。如果你经历过创伤，复原听起来似乎不可能实现，但你可以采取一些措施让自己走出悲伤，重振旗鼓。在本章的第二节，我们将探讨自我肯定。如果生活的某个方面不如意，你该如何弥补呢？你如何调整好心态？通过自我肯定，我们能找到答案。

什么是复原力？

复原力是你在受到伤害时有效应对或处理的能力。它让你能承受逆境，并适应具有挑战性的日子。即使你面临的困难很可能变本加厉，你也总是能够设法重拾信心。

研究那些敢于直面高压、逆境和磨难以及复原力很强的人，是很有意义的。研究人员一直想探究当人们身陷低谷时复原力是如何被激发出来的。

我记得很多年前，我无意中看过一篇相关主题的论文。论文的作者是精神病学家迈克尔·路特，他是英国第一位经任命的儿童精神病学教授。迈克尔·路特曾写过年幼的孤儿在环境恶劣的孤儿院生活的经历。你可能认为幼年时期的坎坷经历会给人留下持久的负面影响，让人很难振作起来。虽然有些孩子确实会深受早年坎坷经历的影响（表现为社交能力低下、注意力不集中等），但大多数孩子都能克服这些问题。20世纪90年代，迈克尔·路特关注的孤儿最终都被能为他们提供安全环境的父母所收养。迈克尔·路特对其中的165名儿童进行了长期随访，追踪他们被收养后的状态。他发现，尽管这些孩子经历了严重的早期社会剥夺[1]，但许多人后来还是有所改善。这充分证实了

---

[1] 指儿童在生命发展早期由于居住卫生条件差，营养、医疗状态不佳，主要照料者频繁变换，个性化照料不足，社会性刺激获得少，人际交往多被忽视，亲子互动沟通缺失等不良的早期生活经历影响，基本的生活和心理需求难以满足，导致人际关系建立失败和依恋关系发展受阻等社会适应障碍的一种现象。——译者注

人类精神的复原力。

抵御创伤后应激障碍的复原力

创伤后应激障碍是一种心理健康状况,由高度紧张或痛苦的事情引发;它是由创伤经历引起的。然而,科学研究证实,大多数经历过创伤性事件的人并不会患上创伤后应激障碍。

有几个关键的内在因素可以激发出抵御创伤后应激障碍的复原力。面对挫折,往往正是这些因素决定了一个人能否战胜困难并坚持下去。这些因素包括:

⊙自尊

⊙轻松幽默地笑对生活

⊙洞察力

⊙独立性

这让我想起了我的朋友盖尔。自从我认识她以来,无论她在生活中经历了什么,比如失去伴侣、工作压力大,她总能找时间开怀大笑。笑完她就释然了。相处了七年的伴侣去世时,她伤心欲绝,大哭不止。但有时,当她和我们见面,有人讲了一个有趣的笑话时,她就会被逗得哈哈大笑。她喜欢幽默。她的情感表达纯粹而真实：伤心时哭泣，高兴时大笑。盖尔完全掌控了自己的生活，这种生活方式一直激励着她身边的人。每当生活给她迎头痛击时，她都会顺势倒下，但又会以自己的方式爬起来，继续往前走。

学会不受苦

提到历经磨难后复原的话题，还有一些事情值得深思。我母亲是癌症晚期患者，她告诉我，遇到困难后，我们应该想办法克制自己不要承受太多的痛苦，因为正如她所说，"我深信痛苦会损害健康"。几年前，她癌症复发了，我还记得我当时承受了多少痛苦——在公共汽车上，在回家的路上，无论我在哪儿，我能想起的都是挥之不去的痛苦。那些不经意间想起她生病的时刻，让我陷入一种难以摆脱的泥沼。从小到大，母亲就一直告诫我遇到困难时要学会不受苦：这完全取决于你的心态以及你选择如何应对这种情况。她提到了自己的亲戚丹妮拉，并经常以她为例，说她复原力很强。"丹妮拉非常爱自己。她很关心自己。她在照顾他人、无私奉献的同时，也珍惜自己的健康，这一点很重要。"

这就是关键所在。你自己的生活和健康很重要。受苦不能让所爱的人回头，也不能让我们回到过去抹掉创伤性事件。我们应该相信身体会自愈，我们也应该和能支持我们的人在一起。

自我肯定

想在跌倒后爬起来，我们必须学会自我肯定。也许你没有失去伴侣，也没有经历过真正毁灭性的事情，但你得应对生活中的各种挫折。也许你的朋友圈里或职场上有人对你不够友好，或者你正在处理感情问题。有什么事情可以让你感到心情愉快吗？自我肯定是其中之一。

生而为人，努力维护自己的良好形象对我们来说很重要。我们倾向于让我们的行为方式符合我们的核心价值观。这会让我们很有成就感。

但是，如果某件事或某个人威胁到你生活中重要的方面，比如，你的工作生活或人际关系，那么这在心理层面上是很难容忍的。比如说，你很珍惜和伴侣的感情，如果你的亲戚暗示你配不上你的伴侣，你会从心理层面上感觉受到了威胁。或者假设你从工作中获得自我价值，如果有人在工作中轻视或批评你，你可能会感到痛苦。作为人类，我们的心理驱使我们努力想办法减轻这些威胁对我们的影响。我们可能会变得有防御性，或者可能会躲避威胁的源头，少接触那些让我们感受不好的人，比如那些不友好的亲戚。但研究表明，当我们在心理层面上受到威胁时，我们可以做的另一件事是自我肯定。在我们感到威胁的时候，我们可以想想生活中其他重要的领域，包括精神、工作、健康、人际关系、创造力等。

当情况变得艰难时，自我肯定会有一定的帮助。通过自我肯定，我们能从一个全新的视角看待自己的生活。我们会发现，障碍有时并不像我们想象的那么强大，我们可以把注意力转向生活中其他重要的领域，调整自己的心情。这有助于我们早日回归正轨。

研究显示，当威胁发生在生活的某个领域（如人际关系受挫）时，你可以在别的领域（如健康、工作、追求创造性的活动）自我肯定。如何自我肯定？不妨想想生活中有哪些东西对你有意义。

再举个例子：也许工作让你疲惫，让你压力很大——这可能对你看待自己的方式产生负面影响。为了抵消负面影响，就要用积极的眼光看待自己，把注意力转移到生活中进展顺利的领域。可以想想你追求的创造性活动，或者想想支持你的朋友。想想生活中进展顺利的领域，有助于我们保持积极的形象。这给了我们信心，让我们相信即使面对威胁或困难，我们也能应对自如。有了自我肯定，威胁在你的生活面前就变得微不足道，因为你认识到你的生活由许多对你至关重要的领域组成。你的格局打开了，你会意识到自己面对的困难只是人生经历中的一段小插曲而已。

你面对的困难只是你人生经历中的一段小插曲。

想通了这一点，我们对威胁的防御就会降低，并深受鼓舞。我们的压力也会减轻。因此，如果你觉得自己在工作或生活中犯了错，不要批评自己，而是要肯定自己。

结语

如果我们感觉不好或面临威胁，就去肯定自己。自我肯定，能提振我们的情绪，使我们更容易拥有好心情。

受到创伤，我们是有能力复原的。研究表明，即使遇到困难，人们仍然能够找到继续前进的办法。复原力就是黑暗中那座为我们指路的灯塔，而我也是依靠复原力才渡过了母亲生病的难关。

第7章

拥有任何挫折都打不倒的内在力量

一旦经历困难，我们的大脑就会试图去理解发生的一切。而我们一直以来用于理解周遭世界的内在罗盘可能会失效。于是我们开始反思并重新审视自己的信念，试图跟上新的现实。碰到这种情况，我们会震惊，会疲惫不堪。

本章提到的成长的策略适用于任何经历过困难（包括创伤性事件）的人。

应急策略

我们每天都可以一点一点地成长。下面两个应急策略能帮你实现目标，并以自己的方式成长。

⊙努力控制情绪——尤其是你情绪不好的时候，比如你很伤心，并且感到这样的情绪可能会损害你的健康。如果你察觉到消极的情绪，那就多留意，努力将注意力转移到其他可以吸引你的事情上。比如，看一集最喜欢的节目，和朋友见面，去当地的音乐会或食品市场，或者花20分钟写一写你感兴趣的事情。

⊙将变化视为机遇，而非威胁。这有利于你走出消极情绪的牢笼，重新找到生活的乐趣。换工作就是一个例子，它让你有机会做你更喜欢的事情。还有个简单的例子是错过公共汽车，这是一个让你能顺便锻炼身体的机会。

写下生活中可能发生的任何变化，无论变化是大是小。然后写下你如何对这个变化有了全新的认识，并将其视为机遇。体验变化有什么潜在的好处。这种变化可能是一次搬家、换一份新的工作、转学，或者加入一支运动队。

长期策略

如果你面临挫折或困难，并希望开始疗愈之旅，在心理上获得成长，不妨使用以下几个策略。

1.确认生活中的重要领域

如果你正在应对挫折、威胁，或者感到有压力，就去确定生活中对你重要的东西。把这些东西罗列出来并认真思考。这样做会让你站在旁观者的角度看待当前的问题，脱离了"当局者迷"的状态，因为你的视野打开了，你在思考对自己有价值的东西。你把注意力从当前的问题上转移开来，拓展你的认知，这样一来，你就能全盘思考你的人生和生活中真正重要的东西。

在你列出的事项中，你认为最重要的是哪个？确定了之后，请花几分钟写下它重要的原因。然后，你可以再选择其他几项，并分别写下它们的重要之处。这样做时，我们会明白除了眼前的挫折，生活中还有其他许多有意义的内容。想到这些，你就释然了。

在执行压力任务（比如在一群不友好的听众面前演讲）前，只要想想对你来说重要的事情，想想为什么它对你很重要，就会对压力水平产生积极影响，让你没那么紧张。你可以想一想和某位朋友之间的深厚友谊，以及这段友情对你的重要性；或者想一想你的健身目标及其重要性。

当我们开始思考什么对自己很重要时，哪怕仍然身处逆境，我们也是在肯定自己。这对于我们重新踏上人生的正轨至关重要。

2.不要问"为什么是我？"，而要问"为什么不能是我？"

有时候，当不公和困难降临在我们身上时，我们会问自己："为什么这种事会发生在我身上？"虽然反思事情的起因是疗愈过程的一部分，但一再追问自己"为什么是我？"会强化你的无助感，让你坠入深渊，无法自拔。

与其问"为什么是我？"，倒不如反过来问自己"为什么不能是我？"。听我讲个故事，你就知道原因了。

记得一年前的一个深夜，我在剑桥市中心散步。那天空气清新，街上只有零星几个人。剑桥大学的一所学院的昏暗灯光照亮了我走过的路。我来到那扇高大的门前，在夜空的映衬下，我发现大门口摆放着一束束鲜花，还有一张学生的照片，照片底下还留有一段文字。

原来这个学生因病去世了，他才刚上本科二年级。照片中的他看起来活力四射，非常快乐。上面的文字写着他喜爱交友，积极投身当地的志愿活动，在校成绩优异。我心想，这是个年纪轻轻就成绩斐然的人，只可惜，一切都不得不戛然而止。大二那年，他被查出患有绝症，经过几轮治疗，医生实在无力回天，之后他就去世了。我记得在这段介绍他及其生平的文字中，有一句话让我印象深刻。我后来时常想起这句话。当别人问起他的病情时，他会说："为什么不能是我？"如果其他人提起命运的不公，比如，这么年轻就遇到不幸，他不会附和着说："为什么是我？"相反，他会说："为什么不能是我呢？"

如果我们不再追问"为什么是我？"这样的问题，就更容易振作起来，应对困难。

试着放下"公平"的念头，你会更容易减轻压力，继续积极向前。当我们不再纠结上天是否公平地对待我们时，我们才能收拾好心情，继续赶路。

3. 抽点时间，找点乐趣

即使在人生低谷，人们也有欢笑或流露积极情绪的时刻——抽点时间，找点乐趣，这很重要。

研究人员在调查艾滋病晚期患者的照顾者时，发现这些照顾者有情绪积极的一面。他们也有快乐或乐观的时候，比如享受晚餐时。我们的身心无法承受持续不断的痛苦。这些表达积极情绪的时刻、感恩的时刻、不经意间欢笑的时刻，能让我们在悲伤、创伤和痛苦中得到喘息的机会。

所以，找点时间——哪怕一周一次——叫上好友一起吃顿饭或看场电影，因为这对你的健康大有裨益。

4. 练习"生命之轮"

我在辅导经历过磨难、正重新评估自己生活的学员时，会和他们一起做一个叫作"生命之轮"的练习。这个练习让他们能够评估自己当前的状况，思考下一步的行动。如果你的人生正处于转折期，也可以练习"生命之轮"，把它当成一个停下来反思的契机。

列出你认为生活中很重要、有意义或者能满足自己需求的五个方面，比如人际关系、健康、精神、创造力和休闲。然后给每一个打分，分值为1~10分。0分表示对某一方面非常不满意，10分则表示非常满意。

别急着打分，先思考一下生活中对你有价值的东西。

生命之轮

生命之轮会照亮你生活中的重要领域。当我们关注这些领域时，往往会感到满足。如果这些领域中有一个或多个受到影响（例如，我们没有给予它们足够的关注，或者我们觉得自己在这些领域有所欠缺），我们就会感觉生活好像少了什么，比如平衡感或满足感。

生命之轮让你有机会深入了解自己需要解决的问题，从而提高你的幸福感。

请写下你认为生活中很重要的几个领域。例如：

⊙经济问题
⊙工作满意度
⊙身体健康
⊙心理健康
⊙创造力
⊙与家人和朋友的关系
⊙与伴侣的关系
⊙业余爱好

1. 先如129页所示画一个圆，再将圆分成几等份，以代表生活中的几个领域。

2. 把几个领域的名称分别写在相应的位置上。

3. 针对每个生活领域，按升序给内圈标上数字。圆心得0分，最外圈得10分。这些分值代表满意程度。数字0代表"非常不满意"，10代表"非常满意"。

4. 想想你对每个领域的满意度，将适当的分值标记在相应区域。

你可以把圆圈划分为7个生活领域，具体可根据自己的需求：

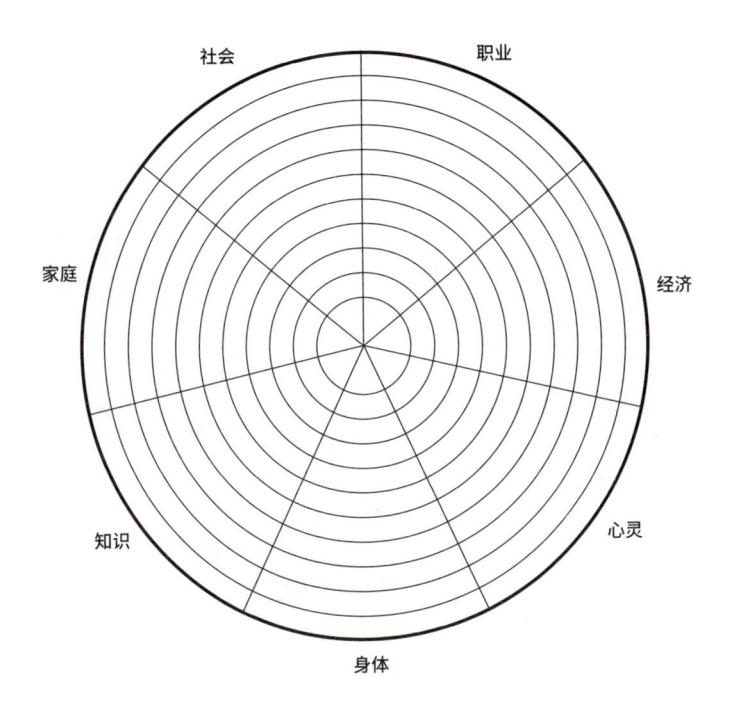

社会　职业
家庭　　　　经济
知识　　　　心灵
　　身体

第7章　拥有任何挫折都打不倒的内在力量

在下图中，圆心的分值为0，而最外圈的分值为10。

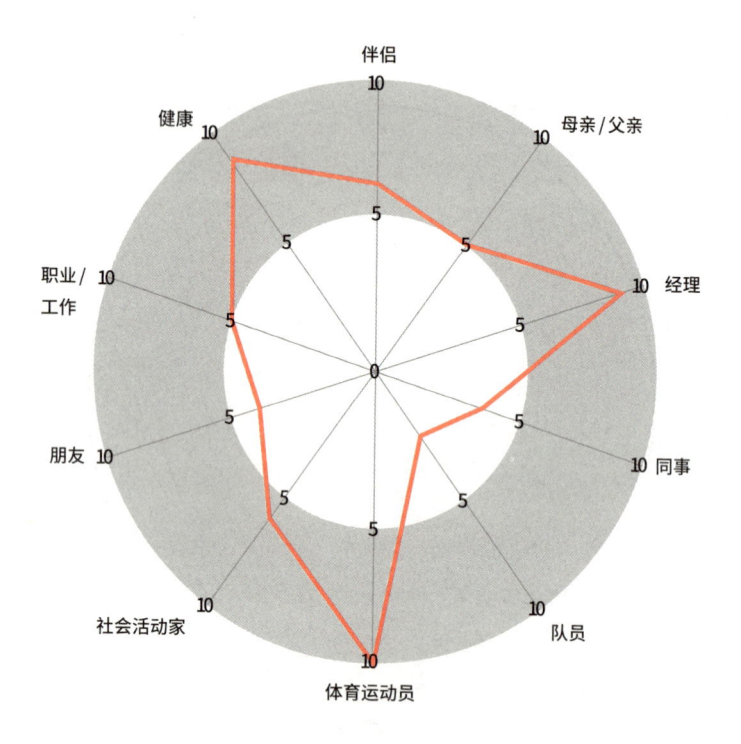

```
          伴侣
           10
健康              母亲/父亲
 10                10

职业/                    经理
工作                      10
 10

朋友                      同事
 10                       10

社会活动家                 队员
  10                      10
       体育运动员
          10
```

5. 接下来，将所有分值连接（见上图）。做完这些之后，看一下是否有特别高或者特别低的分数。你能在生命之轮上发现明显的凹陷吗？

在131页所示图中，我们可以看到社交生活领域得分较低（意味着满意度较低），因此出现了明显凹陷。另一方面，家庭领域得分很高。

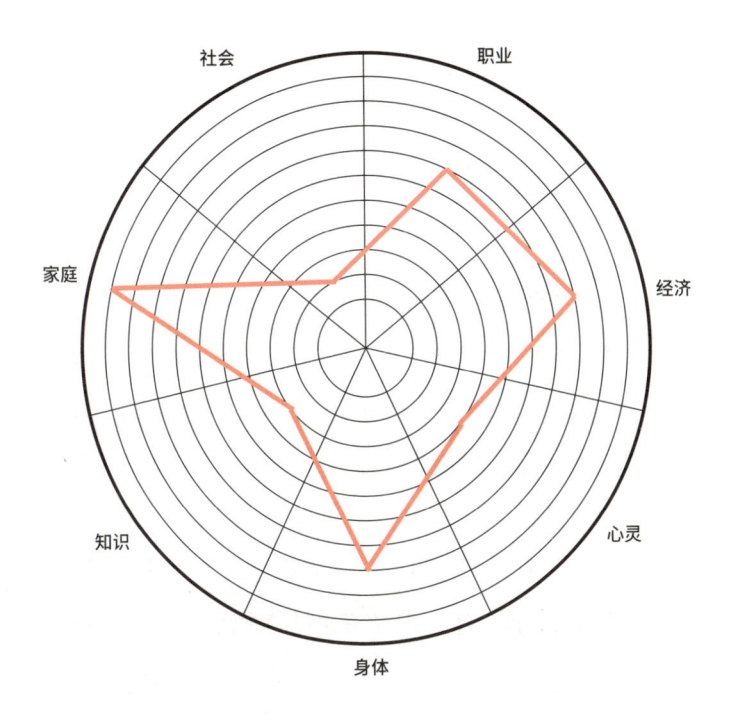

完成练习后需要思考的问题：

1. 你的生命之轮是什么形状？你发现了多少个明显的凹陷？这些凹陷代表了那些需要改进的领域。

2. 在得分最低的领域中,选择两个你想改善的领域。为了提高这两个领域的得分,哪怕只是一点点,你的第一步措施是什么?最好是下周或下个月就能执行的。

3. 确保这些措施是切实可行的,然后把它们写下来。

4. 采取行动。

通过这个练习,你可以了解到当前你内心的平衡感和满足感是什么水平。可能有一两个领域得分很高——比如你在职场上或者跑步俱乐部的表现很好。但要看看其他领域(比如人际关系)的分值是否有大幅下降。理想情况下,我们希望在所有领域都拿到"高分",尤其是我们认为重要的领域。如果拿不到高分,我们就会不开心、不满足,而这个练习会帮助我们找到不足之处并进行反思。打个比方,如果你在人际关系领域只得到3分(满分10分),那么你可以问问自己:你能采取什么措施将分数提高到4分?你可以在任何分数较低的领域做出改进。生命之轮是可以经常使用的工具,有了它,你能够知道自己的状况和改进的方向。

5.解决"忧心霸王"

过度的担忧会阻碍我们成长。面对困难时,我们会陷入一种担忧的状态。我们可能认为担忧是有用的——我们正在想方设法解决问题,我们在考虑可能出现的情况和前进的方向。但是,我们没有意识到自己会被忧虑和沉思所困扰。当我们心中有了挥之不去的担忧时,不妨把它看作"忧心霸王",也许会对我们有所帮助。

要找到更好的解决办法,担忧是没有用的。如果非要说它"有用",它确实会让我们感到焦虑和紧张,特别是在它变得过分和失控的时候。只要了解到这一点,我们就可以采取有用的措施了。因为我们知道,我们可以放下忧虑,而且情况不会因此而变得更糟。事实上,我们反而会变得更好。忧虑会妨碍我们内心的安宁与平和。它会像恶霸一样欺负我们,直到我们失去生活中的平衡感。但如果你将担忧视为霸凌者,你就不再接受它,不再相信它会像你想象的那样,帮助你找到解决办法。当你将担忧视为霸凌者时,你更有可能怨恨它,并且开始想办法摆脱它。

当我们心中有了挥之不去的担忧时，
不妨把它看作"忧心霸王"，
也许会对我们有所帮助。

结语

成长策略可以帮助人们在逆境中重拾信心。如果你站在"旁观者"的视角感知担忧，那么担忧的确可以帮助你采取积极的措施。在其他策略中，"生命之轮"可以帮助你反思当前生活中的问题，以及你需要采取哪些行动才能更接近你想要达到的目标。

第 8 章

情绪：塑造新生活的风向标

有时,是天晴、安好。

有时,是遇云雨只淋失意人。

有时,是走也走不出的阴郁。

情绪是什么样子呢?

有时,是拒绝一切的沉沦。

有时,是晒不透的潮湿。

有时,是看见谁都想揍两拳。

本章讲述的是哪怕你的人生旅程曾经走过弯路，也要关注未来的可能性。实现这一点的关键是做到"坦诚开放"。当人们经历创伤时，眼里的现实可能会发生改变。以前的目标和梦想会失去意义。为了适应当前的现实，原来的生活方式可能需要改变。

当旧世界分崩离析时，我们必须发挥创造力，为自己开创一种新生活。这就包括发现未来新的可能性。在经历创伤时，找到内在的力量可以帮助你治愈创伤，渡过难关。要做到这一点，下定决心走以前没有走过的路很重要。与其害怕改变，不如盘点一下自己的技能和优势，看看如何才能把它们发挥到极致。我们可以练习挖掘积极的情绪。

综上所述，对于开辟新路线和开创新生活，持坦诚开放的态度至关重要，而"情绪"是其中重要的一环。

本章讲述的内容主要包括两个方面：我们的情绪，以及当坏事发生时我们给自己的解释。历经磨难之后重回正轨并变得更加坦诚开放的一个表现就是理解我们的情绪，并学会更好地与情绪合作——这是第一部分的重点。本章第二部分重点讲述与情绪密切相关的内容：当坏事发生时我们给自己的解释。我们将探讨对我们有害的解释，以及那些可以帮助我们振作起来、敞开心扉去接纳崭新生活的解释。

积极情绪让明天更美好

积极情绪可以促使我们成长，帮助我们提升幸福感。积极情绪包括快乐、兴趣和爱等。当你的亲戚关心你时，你会感受到爱；当你阅读一本扣人心弦的小说时，你会感受到兴趣盎然。

积极情绪还与复原力和生活满意度有关。

在面对生活中的困难时，积极情绪能帮助你更好地应对。在一项研究中，研究人员对丧偶者进行了采访，询问他们与已故伴侣的关系。研究人员观察这些受访者在谈到已故配偶时表现出的情绪是积极的还是消极的。

他们发现，那些表现出积极情绪的受试者更有可能在几个月后减轻悲伤。相比之下，那些在谈话时表现出负面情绪的受试者，悲伤程度会更严重，并且之后的健康状况也更差。

培养积极情绪的方法之一就是在日常生活中发现积极的意义。具体怎么做呢？你可以唤起自己的感恩之情，比如感恩能和家人共进晚餐，或者得到孩子的拥抱。积极情绪可以给人以信心，让我们相信自己可以重新站起来，哪怕处于人生低谷时也能如此。

积极情绪与复原力

关于积极情绪的理论和文章有很多，尤其值得一提的是北卡罗来纳大学教堂山分校的心理学教授芭芭拉·弗雷德里克森的著作。这部分内容主要基于她的著作，同时融合了我多年来的辅导心得。

在艰难时刻，积极情绪有助于我们解放思想，积极寻找前进的方向。有了它，我们可以识别和测试各种解决问题的方法。这就是积极情绪可以发挥重要作用的地方，而负面情绪会限制我们眼前的选择范围。我们的视野因此变得狭窄，无法看到前进的多种可能。

当我们感觉积极的时候，我们会受到鼓舞去探索新的想法，思考各种可能性。我们会更喜欢去探索，去玩耍。而且，玩耍已经被证明对大脑有积极的影响，可以帮助我们提高记忆力。当我们感觉积极的时候，我们也更有可能去享受当下——例如，我们充分感受和家人朋友在一起的美好，我们会很珍惜这些时刻。所有这些积极情绪都会成为我们内心的资源，帮助我们在困难来临时变得更有复原力。

哪怕你感受到的积极情绪只存在一段时间或者一个瞬间，也没关系。在你感受到积极情绪的同时，你也在挖掘自己的优势，并以此为基础建立其他优势。虽然积极情绪可能很短暂，但你为自己建立的优势往往是持久的。将来，当你遇到挑战时，它们还能为你所用。

当你感觉积极的时候，就是在为自己建立内在资源。

积极情绪能让我们活得更久

曾经有一项针对180名修女的研究，这些修女在22岁左右时亲手写下自传。研究发现，自传内容最积极向上的那些人比其他人活得更久。研究人员查证了这些修女在75～95岁的生存率，发现那些年轻时积极情绪水平较高的人日后早逝的概率较低。以下是两位修女自传的节选内容：前一位的特点是积极情绪水平较低（没有太多明显的积极情绪），后一位的特点是积极情绪水平较高（充满积极感受）。

（来自1号修女，低积极情绪）我出生于1909年9月26日，是7个孩子中的老大，我有4个妹妹和2个弟弟……我的候选年是在女修道会教化学度过的，第二年在圣母学院教拉丁语。承蒙上帝的恩典，我打算为我们的修会、为宗教的传播和我个人的成圣尽最大的努力。

（来自2号修女，高积极情绪）上帝赐予我不可估量的恩典，给我的人生开了个好头……过去的一年，我作为一名候选人在圣母学院学习，过得非常幸福。现在，我热切地盼望着接受圣母的圣洁习惯，热切地盼望着与神圣之爱结合的生活。

之所以有这样的研究结果，是因为积极情绪可以增强免疫系统。所以，感觉积极对我们的健康有好处，对最终寿命也有好处。

负面情绪：为什么受伤的总是我

接下来我们将探讨负面情绪的相关内容。这部分内容就是为那些遇到挫折就过度自责的人准备的。那些觉得自己总是犯错，动不动就自我批评的人，总是对自己说些无益的话，这些话往往会困住他们前进的脚步。

从坦诚开放这个角度讲，对我们有实质性影响的是我们给自己的解释。当问题出现时，我们向自己解释的方式有可能让我们感觉束手束脚，也有可能有利于我们复原并采取行动。

当厄运降临到我们头上时，我们常常会问："为什么这件事会发生在我身上?"我们给自己的不同解释会引导我们走上不同的路:要么向下螺旋,陷入厄运的泥沼,无法脱身;要么保持幸福。我们对"为什么"这个问题的回答或解释,会使我们对各种可能性保持坦诚开放的心态。或者,不那么开放。

抑郁是世界范围内最常见的一种病症,其成因与三种解释相关,分别是内在性解释、稳定性解释和全局性解释。

内在性解释

人们对不良事件的解释中,有一种叫作内在性解释。一些人认为,坏事发生在他们身上是因为自己很失败(他们认为问题出在"自身",是他们自己有问题,是他们咎由自取),这些人往往状态更差。假设你尽心尽力地写好了一份报告,交给老板审阅,结果老板给了差评,那些喜欢采取内在性解释的人可能会说:"是我不够称职,所以才会得到负面反馈。"他们把原因归结到自己身上,把客观情况看作自身行为的映射,认为负面反馈的原因与自身有关。因此,这些人最后会对自己很没信心。

再举一个例子，你可能会说:"我在职场上几乎没有朋友，因为没人喜欢我的个性。"你认为自己有问题——你有"内在缺陷"。这样的认知会让你的自尊心受到影响。

反向操作: 向外寻找原因

那些在不好的事情发生后从不使用内在性解释，而是向外寻找原因的人，往往过得更好。这些人在寻找原因来解释发生在自己身上的坏事时，会找与他们自身无关的因素——他们的关注点在客观情况或环境上。他们绝不会把矛头指向自己，而是把责任归咎于外因。举个例子，假设某天早上你的伴侣对你态度不好，你可以这样想: 他心情不好，因为他这段时间压力很大。他心情不好与你无关，也与你这个人的价值无关。他态度不好，是因为他自己的生活出了问题，是压力促使他做出这种反应。向外找原因的人，会把事情发生的原因外化。这样做的好处是，你的心情不会受到影响，因为你不必自责。

稳定性解释

对不良事件的稳定性解释会使你认为,如果有一件坏事发生在你身上,这件事会持续下去,或者从长远来看会一直存在(它会稳定发生)。如果你犯了一次错,你就认为情况不会好转。回到上文写报告的例子,如果你今天写的报告得到老板的差评,你就会认为自己以后"注定"会从老板那里得到更多差评。这就是对不良事件的稳定性解释。你越是相信自己"注定"会在未来得到差评,沮丧的感觉就越是挥之不去。因此,当你下次写报告时,你会感到无助和气馁,觉得自己根本不可能写好。

反向操作:跳出固定事态的思维怪圈

告诉自己只是这一次得到差评——只是这一次而已,下次你会做得更好——你就有动力再试一次。整件事就变成了一种暂时的状态,不是长期或持久的状态。因此你此刻因为评价不佳而导致的情绪低落也是暂时的。

全局性解释

思维方式螺旋向下的人,对于发生在他们身上的坏事往往从全局角度来解释。如果他们经历了不幸的事件,他们会认为,只有坏事才会发生在他们身上。他们不会只关注已经发生的坏事情(比如,这次写的报告得到了差评,这次搞砸了一段友谊),而是从全局的角度过度解释,以致无助感会蔓延到生活的其他领域。举个例子,也许你说了什么让朋友不高兴的话,她不想再和你说话了。结果,你陷入自责的怪圈。你开始过多地责怪自己,甚至认定你生活中所有重要的关系都不会有结果,无论是爱情、友情,还是跟同事的关系。

也就是说,你说了让人不悦的话,破坏了你和朋友之间的友谊——现在你把这件事当作证据,证明你在生活的其他领域也注定会失败。这种类型的解释("我注定会失败")会干扰你采取行动。当你开始小题大做,或者总是把事情往坏处想时,你就是在阻碍自己在生活中取得进步。不仅是在小的危急时刻,在真正灾难性的事情发生时,它也会让你很难重新振作起来。

反向操作：具体问题具体分析

要想振作起来，最好对不良事件做出具体的解释。不要一概而论，而是坚持具体问题具体分析。如果你搞砸了对你来说很重要的事情，你可以归咎于你最近一直忙于工作而导致的疲劳，甚至是健康问题。事情发生的原因非常具体：搞砸某件事，与你当时的健康状况有关。工作表现不佳，也许是因为你刚刚接受新的任务，一切还在摸索中。也就是说，某件事没有成功的原因与未来或你生活的其他领域无关，而只与"现在"和现在正在发生的事情有关。这种对事件的具体解释更容易让我们走出困境。

解释可以五花八门

我们可以改变解释不良事件的方式。当我们改变了有危害性的解释方式时，就会对周围的世界抱有更加开放的心态，并在前进的道路上更容易发现可能性而不是障碍。

为什么有些人会用全局性、稳定性和内在性的方式来解释事件？这通常与我们成长过程中耳濡目染的"榜样"有关。如果看到父母中有一方总是以某种方式对不良事件做出反应,我们就有可能模仿这种方式。我们在生活中经常接触到的重要人物,无论是父母、老师还是同龄人,都会对我们产生重大影响。

> 对"为什么"这个问题("为什么这件事会发生在我身上?")的解释很重要。它可以让你振作起来,也可以让你越陷越深。

大卫总是用全局性、稳定性和内在性的方式解释发生在他身上的糟心事。即使在生活顺心的时候,他也会情绪低落,认为生活没有带给他想要的幸福。无论什么时候出了问题,他都会告诉家人,对他来说没有什么是顺利的,他也不指望将来会有什么改变。如果有人在某个时候没有帮助他,他会认为是对方不喜欢自己,并将其归咎于自己的内在品质(他会自我反省)。他说自己很害羞,并认为这是一种性格障碍。如果有人对他不友好，他会认为这是因为对方不尊重他，或者在嘲笑他。所以，当他因为唯一的好友搬家而黯然消沉时，他的状态也急转直下，不管生活中还有什么好事，都毫无意义。他仿佛断定再也不会有好事发生在自己身上。

这三类解释的问题在于，当一切都很顺利，只有一些小挫折时，即便我们说的话很消极影响也不大。我们知道自己可以东山再起。但是当我们生活不顺心时，比如亲人病倒了、关系结束了，或者被裁员了，这些解释的负面效应就会显现出来，你对自己和别人说的话都会产生深远的影响。抑郁很可能就这样发生了。

乐观的解释VS悲观的解释

如果你一直在用无益的解释来分析不好的事情，不要因此而变本加厉地自我批评，而是要认识到这种思维模式之所以无用的根源，这样才能削弱它们对我们的影响。

如果你把矛头指向自己，认为自己存在根深蒂固的问题，这只会阻碍你前进。如果你把某件事没有做成归咎为自己没本事，并认为"无能"是你的属性，那么你只会越来越"无能"，在面对人生的挑战时，你也会表现得消极被动。

对不良事件的全局性、稳定性和内在性解释（有害的解释）一直与悲观主义紧密相连。它们用悲观的方式解释发生在我们身上的事情。

表达负面情绪会对我们产生不可否认的影响，造成深远而持久的后果。一项针对99名哈佛大学毕业生的研究表明，倾向于以悲观的立场解释负面事件的人，更有可能在多年后健康状况受到影响。更加悲观的哈佛毕业生——他们用稳定性、全局性和内在性方式解释糟糕的事件——在后来的生活中健康状况更差。他们提出的一些更悲观的解释有：

⊙ "我无法坚定地选择自己的职业……可能是我不愿面对现实。"

⊙ "（我不喜欢工作，因为我）……害怕陷入千篇一律的生活，日复一日、年复一年地做着同样的事情。"

为什么消极情绪会影响健康

悲观会导致消极——我们认为自己被命运掌控，我们对自己的困境无能为力。或者，我们认为自身长期存在一个根深蒂固的问题，是我们自己出了问题。我们会对自己说："我没有收到约会对象的回复，是因为我不够好。"这会变成一种泛泛的概括。

另一方面，从乐观角度解释事件的人（如前所述，指从外界找原因、不会固化事态、懂得具体问题具体分析的人）往往不会说这些宽泛的废话。用更乐观的方式来解释问题的人对各种可能性从不设防，因此前方的路会越走越宽。

如何扭转局面

想要扭转局面，就要听从专业人士的建议。顶尖机构的科学家研发的一些项目能够教人们变得更加乐观，或者教人们采用更有帮助的解释。

乐观有助于提高解决问题的能力。因此，如果你处境艰难，只要乐观面对，就有可能更妥善地解决问题。

大概一年前，我辅导过一位四十多岁的男士。在治疗过程中，他从来不笑，他周围的气场十分沉重，就像他的头上顶着一片乌云。我们每两周见一次面，每次他的关注点都放在让他沮丧的事情上。但我关注的并不是具体的负面经历，而是他讲述这些经历的消极方式。他总是流露出一种无助感。他跟我聊起一些事情，比如没有足够的朋友，或者和妻子发生口角，用他自己的话说，就好像他对自己不幸的生活没有任何控制权。他认为自己注定会遭遇更多的不幸，觉得自己的生活没有什么盼头。

我们一起做了一些练习。我想看看这些练习能否帮助他变得更加乐观，让他对未来充满希望。我们练习把无益的解释变成有帮助的解释。此外，我想知道他是否能憧憬未来，而不是反复地回顾过去，并对自己的生活持消极态度。他完成了"生命之轮"练习（详见第7章）。这个练习让他开始思考对他来说重要的领域，以及在这些领域让他感到更幸福和更满足的做法。他想象了如果他改变自己解释事情的方式，并且也实现了他的长期目标，他会有什么样的感觉。我们还采用了下一章提到的一些策略。几个月后，他的变化就很明显了。他变得更有活力，开始展望充满希望和各种可能性的未来，他的心情也变好了。他更加开放地迎接生活，当以前那些无益的解释方式悄悄冒头时，他就会及时察觉，并利用自我意识的力量改变了自己的生活路径。

只需关注，不要解释。当我们发现自己说了我们不喜欢的话，或者做了我们不喜欢的事情，注意到就行了，不要自我批评，这样我们会更好地了解自己。这是迈出改变和采用更有益模式的第一步。

如果经历了创伤，也许你想做的就是一个人待一会儿，什么都不去想。出于这个原因，我建议你在开始新生活的时候对自己温柔一点。给自己足够的时间来痊愈，当你准备好迈出下一步的时候，我会鼓励你思考本章提到的一些概念：

⊙对于你所经历的困境,你如何使用不同的语言去解释?

⊙怎样才能把更多的积极情绪带入你的生活?

⊙你能接受新的可能性(未来的可能性)吗?也许是一条新的出路。

结语

本章告诉我们积极情绪对心理健康的意义。我们知道,对于发生在我们身上不好的事情,我们给自己的解释是有力量的——它们会影响我们看待未来的方式,影响我们对机遇的把握,还会影响我们的健康。下一章将着重讲述坦诚开放的策略,教你敞开心扉迎接生活,释放你的内在潜力。

第9章

创造积极的体验，人生就不会崩盘

抓住积极情绪

如果你经历了一段艰难的时光，正在寻找再次打开心结的方法，那么本章就是为你准备的。在这里，我们将一起学习克服挫折、"重新振作"的策略，无论是针对个人生活还是职业生涯。有几个重要的策略可以为你所用，不管是应急策略还是长期策略，都很管用。

应急策略

当人们经历困难和创伤时，通常会寻找方法渡过难关，提振情绪，并再次坦诚开放地面对世界。以下是实现这一目标的几个实用策略。

⊙针对艾滋病患者伴侣的调查表明，无论生活多么艰难，我们仍然可以拥有积极情绪。积极情绪可以帮助我们渡过难关。我们所有人都经历过困难，都希望能找到重新振作的办法。下面的步骤告诉你如何把积极情绪带入生活，并重新掌控自己。

采用问题导向的应对方式，也就是你要思考你当前的困境，并制订计划解决你当前的难题（专注于手头的问题）。哪怕是在情况不妙的时候，这样做也能让你有一种可以掌控局面的感觉。在对艾滋病患者的研究中，负责照顾的一方学会了如何给伴侣静脉注射，这让他们有了一种成就感。他们知道自己无法阻止疾病的发生，但他们可以做一些帮助自己伴侣的事情。

所以，远离我们在前一章讨论过的消极解释，采用问题导向的应对方法——想想你可以采取哪些措施解决问题：比如预约看病，准备一份待办事项的清单，或者想想你可能需要的支持方式。

把积极意义"注入"普通事件。照顾艾滋病患者的受试者将日常小事看作美好的感恩时刻——比如，发现花架上有一朵美丽的花儿。即使你正在承受很大的压力，当你把积极意义"注入"普通事件时，你不仅可以把自己暂时从痛苦中拖拽出来，在心理上获得片刻的休息，你的自尊心也能得到积极的维护。所以，花点时间留意身边的小事，珍惜生活中短暂的幸福时刻很有用。

⊙学会重新与身体建立联系。人们在经历创伤时,会很难识别并接受自己的感受,我们的身体可能会对感觉陌生。当你感觉自己失去了平衡,被一种特殊的情绪压倒时,抓住这种在你体内流动的感觉,并与它建立联系。暂停你正在做的一切事情。想想你在哪里体验到这种感觉,和它共处片刻。昆士兰科技大学的一项研究强调了这一点,这也是经历过童年性虐待的受试者使用过的一种策略。在你控制了这种感觉或情绪之后,再轻轻地放手。

⊙腾出时间玩耍,增强积极情绪。无论年龄大小,当你和朋友聚在一起玩棋盘游戏或猜字谜游戏时,你都能神情放松,心情也会更好。

长期策略

采用以下策略,能让你更加坦诚开放地与周围的世界接触,并找到一条新的前进之路。这一切都始于你对自己的宽容——这有助于你从逆境中复原,打开疗愈之门。

1.对自己宽容一点

正如我们在前一章看到的,我们对自己说话的方式会对我们产生重大影响。我们对待自己的方式也是如此。当你善待自己时,别人也会善待你。善待自己,首先要培养对自己宽容的心态。如果你犯了错误,你不会因此而自责,也不会对发生的事情做出无益的解释(比如"我是个失败者"),而是顺其自然。学会对生活保持开放心态,允许经历来塑造你,并把犯错看作学习机会。

一位来诊所接受辅导的男士告诉我,他对自己非常苛刻:他要求自己必须成为完美的朋友、完美的伴侣、出色的同事。他告诉我,他每次出门前发型都必须保持"完美"。如果他脸上长了几颗痘,又必须和别人见面,他就会很紧张。他觉得这种不断追求完美的做法令人厌烦,而且给他带来太大的压力。这种完美主义源于对自我缺乏包容。他害怕别人的批评或拒绝,但其实是他对自己太苛刻了。

如果我们对自己更加宽容,对我们遇到的坏事做出更有帮助的解释(正如我们在前一章所看到的),犯错也就不再是什么大不了的事。如果你犯了错,你会觉得可以弥补。善待自己，你会认为别人也会同样善待你。这对提升你的幸福感大有好处，也能帮助你在遇到困难后重新振作起来。比如，如果在工作中出了差错，而你对自己怀有宽容之心，你就会意识到错误在所难免。如果你的老板很严苛，你就不会去评判自己，而是宽慰自己：为什么老板如此苛刻？你只是一个普通人而已。这种心态往往能让你更客观地看待事物。你会对生活中的起起落落保持开放态度，同时对自己保持宽容之心。

2.提高对不确定性的容忍度

你是否也讨厌不确定性？在这方面，很多人和你有同样的想法。试图控制生活中所有的不确定性会让人筋疲力尽，最终也将是徒劳。会不会有那么一天，你从老板、朋友或伴侣那里得到了你需要的认可，于是你就可以说"我对自己在这个世界上的位置感到满意和自信"？也许你一直在努力达到这个难以捉摸的终点——努力取悦他人，这样你会更加确信他们喜欢你。或者你试着确定今晚你不会再过一个不安的不眠之夜，焦虑不会在明天出现。你希望这是一件确定无疑的事情，但你越是反复思考，就越是陷入焦虑和沉思的恶性循环。有时候，我们越是想要确定，就越会意识到"确定"作为终点实际上并不存在。它甚至从未存在过。一切都是我们的想象，而想象可能会捉弄我们。

我所说的是对确定性的执念，即"现在就必须知道"的心态，即使情况可能不明朗，仍有待确定或超出你的控制。这会让你感到有压力。

也许你很难忍受一种不确定的情况，慢慢地，你开始发现其他情况也会让你不适。也许这会变成一种强迫行为，或者变成迷信。实际上，世界上有超过五分之一的人要么非常迷信，要么有点迷信。当你在不确定的水域跋涉或面对新的生活现实时（例如，找到一份新工作、等待治疗结果、处理财务问题），陷入迷信会给你一种掌控感。当你面临威胁或困难时，你会觉得有必要缓解焦虑。所以，迷信思想就开始作祟，例如，你会想"如果我进门时没数到四，情况就会更糟"。这样的行为可能会给你一种虚假的安慰。然而问题在于你做得越多，事情就越有可能失控。这样做并不会给你带来内心的平静。

你可以选择提高确定性,但正如我们所看到的,它并不总是有效,而且会让你紧张。另一种选择是提高你的容忍度:对不确定的现在或未来变得更加宽容,容忍不能马上知道答案。这都是对生活和不确定性保持开放心态,并学会与之共存的做法,也是让生活充满活力的做法。

3.先咬一口,才知道什么味道

接下来这个策略可以提振你的情绪。当生活不顺时,你也许会对各种活动失去兴趣,即使参与其中也感受不到乐趣。或者,你根本没有动力去做某件事。如果你不太想去做一件从没做过的事,比如接受全新的职业培训,培养一项新的爱好,那么,"先咬一口"可能会有帮助。"先咬一口",你就知道是什么味道了。

你有没有发现,本来你不觉得饿,可有时候一旦你开始吃东西,饥饿感就会出现?你甚至还会吃得很香。同样的道理也适用于其他你很难开始又没动力去做的事情。即使你情绪低落,或者被负面情绪打压,只要"吃几口",就能激发出一些动力,继续下去也就变得更容易。假设你家里出了一些问题,让你丧失处理待办事项的动力。当你工作的时候,你不想写报告,因为你心情不好。你想跨过这道坎,但不知道该怎么做。那就"先咬一口"。如果你的脑海里能闪现这句话,等你迈出了第一步,不愉快的心情就会慢慢消失。接着第二步就容易多了,然后是第三步。你会发现自己的心情开始变得舒畅。关键在于重新行动起来,不管你能做什么——即使是一次笨拙的尝试,或者你觉得在这个过程中摇摆不定,都没关系。只要尝了第一口,你就会发现,继续吃下去,饥饿感就会出现。或者至少,情况似乎更容易控制了。

恢复元气的一个办法就是"先咬一口"。

4. 学习间接经验

当我们情绪消极的时候,可以向榜样学习,让自己从低谷中走出来。一个积极的榜样可以给我们希望,让我们知道全新的道路是可能存在的。你可能希望加入一个互助小组,或者找一个有过同样经历的榜样。他们可以照亮一条新的道路,鼓励你去尝试。我们可以从这些人身上学习新的行为。所以,这里讲的策略就是花时间和你的榜样交流。

我们可以通过观察学习来增强自信。当我们看到有人在做我们想做的事情,或者有人已经戒掉了我们想戒的坏习惯时,就可以多和他们相处,他们就是我们成功的榜样。这样做很有激励作用。

举个例子,如果你一直在努力应对的某些挫折与你的不良习惯有关,比如吸烟或饮酒,那么花一些时间和已经戒烟或戒酒的人交往。这对你戒烟或戒酒是有好处的。你可以了解他们去过的治疗机构,也可以了解他们为了克服不良习惯而养成的思维模式。

如果你正试图寻找人生的新方向,那就花些时间和那些乐于尝试新路径的人或者那些不如意时心态乐观的人相处。你或许已经找到了这样的人——你发现和他们相处时,自己会对未来更加乐观或充满希望。当然,你也可以加入新的社团，比如合唱团或舞蹈队，或者借着旅行的机会，寻找能鼓舞你的榜样。榜样可以拓宽我们的认知，我们可以从他们身上学到新的技能。

当我们遭遇困难时，补救措施或选择往往是有限的。就像人们倾向于以习惯性的方式行事、说话或反应一样，在解决问题时，人们也倾向于套用同样的方法——即使其中有些方法已经被证明是无效的。我们会沿着熟悉的道路走下去，即使过去的证据表明这些道路并没有把我们带到我们想去的地方。榜样和互助小组可以帮助你从这种状态中挣脱出来，并向你展示一条新的道路。结交新朋友可以给我们带来更多想法和灵感，让我们在追求健康和幸福的旅程中感受到支持的力量。

5. 回顾过去是如何成功解决问题的

如果你正在处理某个问题，有个可靠的办法就是想一想你过去是如何解决问题的。仔细想想之前成功解决其他问题时所采取的步骤。你使用过哪些应对策略？回顾一下那些案例。哪怕你认为自己过去并没有许多成功的案例，也要回顾已经发生过的积极事件。然后把你克服困难的过程写下来。它不一定要和当前的重要问题有关，只要是积极方面的即可。比如，你如何在很难找到房子的情况下租到了一套公寓，如何帮了朋友的忙，或者你如何与朋友和好如初。以下是几个值得思考的问题：你当时做了哪些现在可以照做的事情？你是如何确定这些步骤的？你是不是从头脑风暴开始列出一系列解决方案的？你用哪些优势解决了过去的问题，而这些优势是否适合用来处理现在的情况？这些优势可能是从不同角度看待事物的能力、创造力、毅力、耐心，等等。

试着把这些想法写在下面这个表格中或笔记本上：

战胜生活中的困难		
生活中的困难	你是怎么振作起来的？你做了什么？	是哪些个人优势让你东山再起？

回顾过去采取的方法，并思考如何将它们应用到当

前的情况，不仅会给你带来积极的情绪，而且会增加积极结果再次发生的概率。你的自信也会得到提升，而且你会知道自己能达成什么样的目标。

与此同时，要养成关注事情积极进展的习惯。当有积极的事情发生时，你要抽出时间去回味、去深思，这些积极的时刻会对你的大脑产生影响。情绪可以调节神经元活动，我们越多经历某种情绪，比如快乐，与"积极性"相关的神经通路就越强。

结语

我们已经在本章看到，如果我们学会容忍不确定性，并使用不仅可以增强自信，还可以提升情绪的策略，就能让生活过得更轻松。我们已经看到，我们可以利用以上策略从他人和自己身上学会如何应对生活中的挑战。我们可以拓宽我们对"人生"的认知：了解什么是有效的，什么是无效的，以及我们可以采取哪些措施放弃那些无益的行为。这一切都有助于我们对生活及其可能提供的一切持坦诚开放的态度。

第10章

希望：活得更好是我们的本能

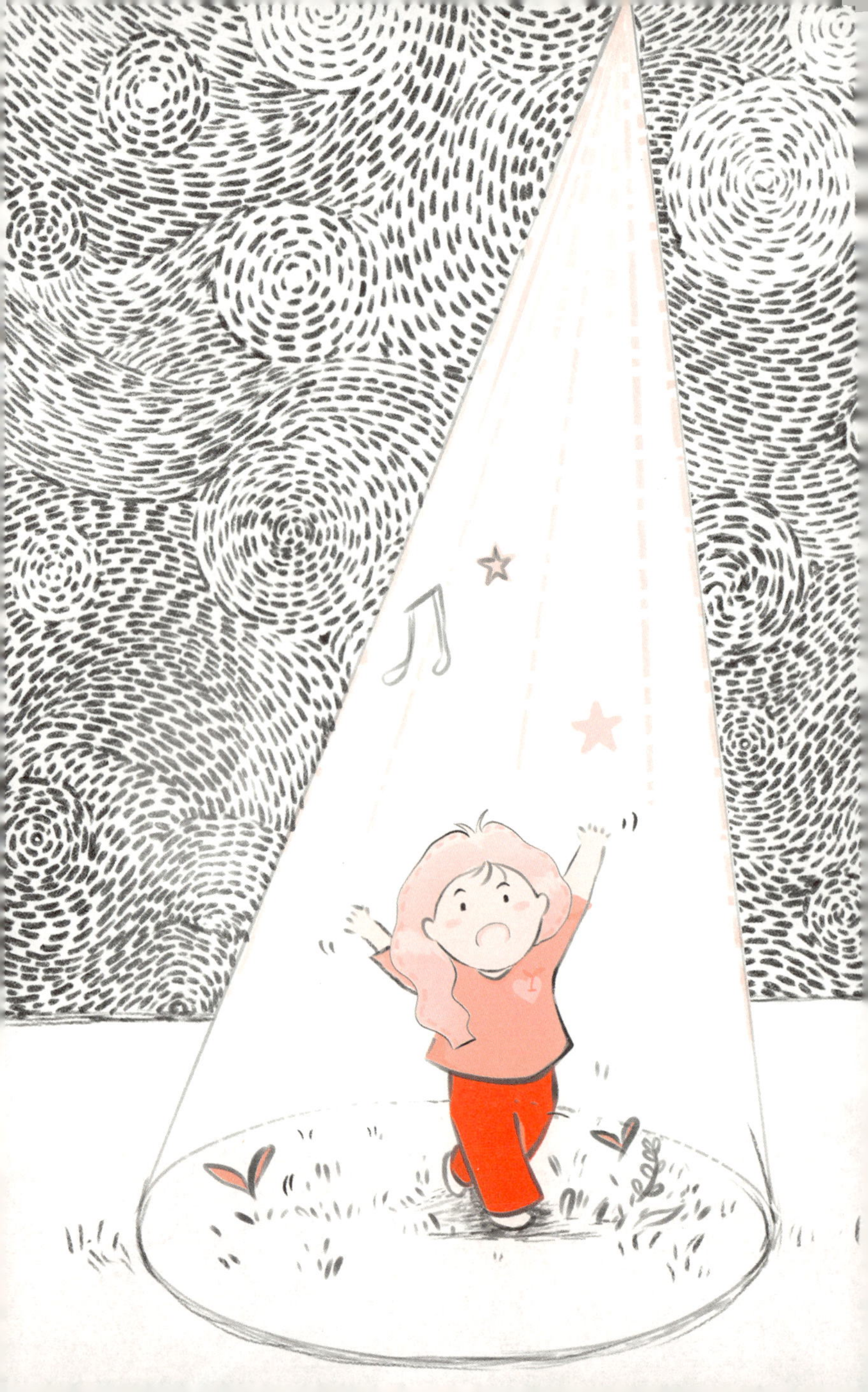

本章着眼于我们在人生旅程中的一个关键因素：希望。希望是人类生存的核心，尤其是在遭受创伤和要战胜困难的情况下。

希望可以是两座悬崖之间的桥梁：一座代表不幸，另一座代表新生。即使在最糟糕的情况下，希望也能给你力量。你相信自己的情况会好转。这不是一个希望事情会变得更好的遥远而模糊的愿望，而是一种坚定的信念，确认一切将会好转。也许你失业了，但希望会让你坚持不懈地寻找新的工作。也许你和伴侣分手了，你为此很受伤，但你内心的某种信念让你重新站起来，一步一步地朝前走。当你再次独自前行时，或许会有些力不从心，但这并不能阻止你继续前进，慢慢走，不着急，允许自己在前进的路上犯错。

当你生病时，希望可以为你设定目标：也许重要的不一定是寻找治疗方案，而是确保你从现在开始都会被幸福萦绕。你会把注意力放在人生的待办事项上，你会把待办清单上那些现实可行又有意义的事情勾出来。例如，你可能会重新审视你的人际关系。希望会为你树立起有益的目标：在桥梁被炸毁的地方，你开始思考如何修补它。你会对圆满的人际关系充满希望。

当人们经历了创伤性事件或者生命走到了尽头时，希望就像救生筏一样，可以让人们坚持下去。

希望与长寿有关。

哈佛大学分析了一组针对近1.3万人的研究数据，结果显示，更强烈的希望感与更健康的身体、更长的寿命密切关联。更强烈的希望感也能有效降低发生睡眠问题的风险。在这项研究中，研究人员使用以下标准来衡量人们是否怀有希望：

⊙我有可能达成目标。
⊙对我来说，未来似乎充满希望。

⊙我希望得到我真正想要的东西。
⊙尝试是有用的。

希望对我们的健康和幸福有许多积极的影响。思考如何将希望这一积极因素带入你的生活非常重要——无论是人际关系,还是生活的其他领域。我们生活在一个充满压力、不断变化、有时甚至混乱的世界。或许不断传来的坏消息和你正在处理的难题会让你情绪低落。但正如我们所看到的,怀揣希望是有益的。有了希望,我们就有了继续前进的动力。

什么是希望?

希望意味着对未来抱有期待。如果你怀有希望,你会相信你能实现自己的愿景,并且对未来充满期待。你渴望达到另一种状态,比如从疾病或创伤中复原,并且,你相信自己能找到前进的方向。你感觉到有不同的途径可以带你去往你想去的地方。

希望被描述为一种"积极的激励状态"。即使你有不确定的感觉,也确信未来会很好。

希望也与追求目标有关。一想到希望,你就会想到未来的可能性。抱有希望,你就能为自己设定新的目标,或者重新定位你的人生道路。

临终的希望

因病导致生命走到尽头时,希望可以通过各种方式表现出来。如果你生病了(可能是创伤性的),或者你认识的人生病了,本节可以帮助你更好地理解病人正在经历什么,以及如何帮助他们。我们可以从生命即将结束的人身上学到很多。当某些创伤性事件发生在人们身上时,他们开始以一种更深刻的方式来理解这个世界。让我们看看这方面的研究是怎么说的——例如,对临终者的研究。他们还会抱有希望吗?

我看过一项研究报告,研究对象是那些身患重病、生命垂危的人,尽管他们吃了很多苦,但仍然心存希望。

这项研究关注的是给这些病人带来希望的因素，其中一个因素与人际关系有关。研究表明，即使你时日无多，如果你觉得自己仍然是被需要的，有人在你身边支持你，你就会怀有希望。有人陪在你身边给你安慰，并且愿意认真倾听你说话，即使你身体不适，也会充满希望。仅仅是能触碰到陪在身边的人，能挨着他们，就会让病人觉得自己是一个有价值的人。这项研究中的受试者，以及我们所有人，即使在生病或遇到困难时也需要价值感——人在任何阶段都要有尊严地被对待。这样，才会滋生希望。

当生命走到尽头时，希望还与拥有目标有关。然而，随着健康状况的恶化，目标往往会发生改变。有了目标，你就有了奔头，就有了可以期待的明天——这些都是希望的核心内容。在对临终者的研究中，尽管只剩下六个月甚至更短的时间，受试者仍然有与特定时间段相关的具体目标，例如与明天相关的目标，或者与下周或下个月相关的目标。这些目标可以是"再用一个月的时间完成我的诗集"，或者"用几周的时间清理我的衣柜，妥善处理我的个人事务"——这些都是受试者的目标。有这样的目标会给你一种有未来的感觉，哪怕未来很短暂。在这项研究中,随着生命进入倒计时,受试者的病情持续恶化,他们的注意力从自己转移到了他人身上。例如,他们表示希望自己的儿女能和伴侣和睦相处。

最后,当受试者只剩几周或几天的时间时,目标的重点再次改变。他们关注的焦点再次从他人转回到自己身上:他们渴望拥有当下的平静,以及"内心的安宁与永恒的安息"。

有意思的是,希望从来没有真正离开过人类。而这本身就能给我们带来希望。希望似乎是一束光,即使在最艰难的时候,也能照亮我们前进的路。

当我翻阅这篇研究报告时,有一个主题让我眼前一亮:勇气。一名受试者说:"即使在不可能的情况下也有勇气继续前进。"另一个人说:"勇气让我能直面痛苦。"在面对痛苦或极度悲伤时,你仍然坚持下去,这就是勇气。在读这些文字时,他们的勇气令我深感振奋。他们的勇气让我们觉得无论正在面对什么困难,我们都能克服。当我第一次翻阅这篇研究报告时,我因为想到了病中的母亲而感到深深的悲伤。但令我惊讶的是,随着阅读的深入,一种真正的勇气开始在我心中滋生。它让我意识到，死亡并没有我们通常想象的那么可怕。我们害怕谈论死亡。我们害怕思考死亡或者我们死后会发生什么。但令人鼓舞的是，即使只剩下几个月甚至几天的时间，这项研究的受试者仍然为自己设定了目标。

不管我们的生命还剩下多少时间，也不管我们正在努力解决什么问题，我们都可以找到希望，为自己的生活设定目标。我们可以找到做自己的勇气，把宁静平和的感觉带进我们的生活。

事实上，在这项研究的受试者身上，宁静是与希望相关的另一个特质。其中一位受试者用一种唯美的方式描述了宁静："有目的的停顿，让希望浮出水面。"

有时候，我们都需要有目的的停顿。

当世界变得太混乱，我们觉得自己被困难压得喘不过气时——不管这些困难是与健康、家庭、工作还是与人际关系有关，我们都可以有目的地暂停一下。我们可以停下来休息一会儿,给自己留出空间寻求平静——这就是我们在那一刻的目的。然后让希望再次在我们心中浮现。

绝望

现在让我们来看看硬币的另一面:绝望。为什么绝望的感觉是有害的?

如果你感到绝望,你会觉得前方一片漆黑。你或许会对自己说:"尝试是没有意义的,因为情况不会好转。"或者,你可能会告诉自己,有这种感觉也没什么大不了的,因为这不重要。然而,事实并非如此:气馁和沮丧的感觉会对你的健康和寿命产生重大影响。所以当我们感觉状态不佳时,必须关注并照顾好自己。

面对生活中遇到的困难,那些希望渺茫的人很难相信自己能实现目标,或者能找到实现梦想的途径。因此,如果没有希望,如果无法找到一条出路,你是很难忍受的。以这种方式度过一生,将困难重重。正如我们看到的，希望可以包含很多方面：不仅是希望找到出路，也可以单纯是希望获得平静与安宁。如果你渴望平静，可平静却难以企及，那么你就很难忍受眼前的现实。

我们的假设

在日常生活中，有时你可能会觉得自己像是在跑步机上奔跑一样，永远无法取得任何进展。那种感觉就像你觉得自己有目标，可目标却永远无法实现，这让你很沮丧。也许你一觉醒来觉得自己很失败，这时放弃自己设定的目标会更容易。因为，你可能会对自己说："事情什么时候好转过呢？"而这种心态会让你停滞不前，还可能影响你的健康。

如果我们要扭转这种局面，该怎么做呢？如果你不做"这些事情不会有结果"这样的消极假设，情况会怎样？在你对自己说"尝试是没有意义的，因为情况不会好转"的时候，不如问问自己下面这个问题，或许能扭转局面。

如果你不做这些假设，情况会有什么不同？

消极假设往往会阻碍我们前进，导致我们无法在生活中取得进步。我想起自己在读本科时，有一位商学教授在第一堂课上告诉我们："不要做任何假设。因为如果你做了假设，会让我们俩都变成傻瓜。"随后他捡起一支粉笔，在黑板上写下"assume"（假设），他把这个词拆分成"ass"（傻瓜）、"u"（你）和"me"（我）。我们经常会忘记不要做假设这件事。我们会做假设，并且按照假设去行动。但如果我们不做这些假设，事情会有什么不同呢？我们的心态和现在比又会有什么不同？

假设你要赶一趟火车。你知道自己出门有点晚了，可能会错过这趟车。如果你假设会错过它，你可能就会放慢速度，不再专注于这件事，对能否赶上火车这件事持开放的心态。如果我们假设赶不上火车，就不会在去火车站的路上激发出内在的能量动力。同理，当我们假设自己无法完成某事或者某事不会成功时，我们也不会激发出朝着人生大目标前进的动力。另外，把事情往最坏处想也会让我们停止寻找可能对我们有利的做法。

如果你感到绝望，可以想办法克服它。著名精神病学家、认知行为疗法之父亚伦·贝克曾说过："绝望是可以改变的。"

即使你觉得生活暗淡无光，也不要害怕，这只是你以前的想法，从今天开始，你可以做出不一样的选择。

深入了解自己

在日常生活中，我们如何才能让自己更加充满希望呢？有时，我们会感觉不知道自己是谁，也不知道我们想要从生活中得到什么，于是我们会向外界寻求安慰。可是，即使你今天得到了一些可靠的建议，明天低落的情绪又会折返，绝望的感受也会更加明显。

如果你开始深入了解自己，挖掘内在的力量，你就有了希望，相信自己能够应对并掌控各种事情。如果你摒弃自我限制的念头和想法，就会对未来的可能性和目标有全新的认识。当你重新掌控自己的感受时，你会意识到你可以改变自己的生活。下面是一些具体的做法。

与其向外寻求答案，不如探索自己的内心

我们经常向周围的世界寻求答案：指望别人取悦我们或者为我们排遣无聊。这种期待外界提供答案或填补生活空白的做法，不仅会让我们对外界产生依赖，还会让我们忍不住放弃对生活的掌控权。我们不应该指望别人来填补我们内心的空白，而应该审视自己。比如，无聊的时候，怎么给自己找乐子（而不是等着别人来取悦我们）?

如果你想更幸福，不妨问问自己：怎样才能找到自己幸福的源泉？

我发现这个想法可以带来希望，赋予我们力量，让我们充满活力。这就好像我们坐在驾驶位上，发现我们可以掌控方向。有了这个念头你就会意识到，能让你更幸福的，不是接到了你喜欢的人打来的电话，也不是得到了上司的表扬，而是你自己改变了思路，突然灵感爆发，知道怎样让自己更幸福或者更满足：比如，去健身房"撸铁"，提高你的内啡肽水平，或者打扫房间，让你的生活井井有条。

夺回控制权——"我……"和"我感觉……"

这里说的控制对象是我们日常生活中可能会遇到的可控的感觉，比如，轻度压力、烦躁、疲劳或紧张。它不涉及所处的环境或者疾病——那完全是另一回事。

在日常生活中，用语言来描述自己感受的方式很重要。让人感觉更有希望的一种方法是说"我……"而不是"我感觉……"。举个例子，不要说"我感觉精力不足"，而要说"我精力不足"。当你说"我……"的时候，你就完全掌控了自己的感受。你没有把你的感受推卸给别人或其他事情。相比之下，如果你说"我感觉累了"，就好像这种感觉在逼近你，而你只能接受；你拿它没办法。它能把你置于无能为力的境地。

当我们使用有掌控感的表达时，我们就会思考怎样才能让自己走出困境。当你开始思考各种可能性时，你的观点也会改变。改变了观点，也就萌发了希望——你觉得自己的行动能达到某种效果。

所以，当你感到紧张或有压力时，关注一下你描述自己感受的方式。不要说"我感到有压力"，而要说"我有压力"。要重新掌控你的感受。说你有压力，会让你意识到是自己选择接受这种感受，因为它是你内心感受的一部分。但如果你不喜欢这种感受，你还可以选择去改变它。你可以想办法做一些有利于提升幸福感的事情。比如，可以去散步，也可以做一些呼吸练习或正念冥想来恢复平静。与此相反的是，如果你对自己说你感到有压力，你通常会有无能为力的挫败感：你感觉到压力，它扑面而来，而你对它束手无策，无力缓解。

当我们以这种方式改变我们的表达时，它就会对我们产生积极的效果。就好像我们重新夺回了"驾驶位"，相信自己能再次掌控局面。也许此刻有一团乌云正笼罩着我们，因为我们今天过得很不顺心，而我们的表达方式可能会让情况变得更糟，因为它会蒙蔽我们的感知。当然，它也可以激励我们做出不同的选择。语言是有力量的。

自我限制的想法

让我们再来探讨一下自我分析。如果我们了解自己的内心世界,就能清除阻止我们怀揣希望的障碍。其中一项我们必须了解的就是自我限制的想法。自我限制的想法包括"我不会做数学题""我不外向"或者"我表达能力不行"。类似的想法都会限制你。它们会成为你成长路上的障碍。一旦我们意识到自己有自我限制的想法,就要采取措施削弱它们。

简单的力量

我们知道,除了思维模式,情绪也很重要。积极情绪可以给我们带来希望的感觉,而消极情绪会让我们心情沮丧。有时我们感受到痛苦的情绪,却不知道这些情绪从何而来。你可能会突然感受到这种无法解释的悲伤或空虚。经常有人向我诉苦,说这种情况也会发生在他

们身上,他们想知道怎么做才能调整自己的心情。关于这一点,我想和你分享苏西的故事:

> 有些人会把幸福误认为是喜悦、兴奋和精力充沛的感受。我记得有一天早上,我在城里散步。那是一个周六,我走在河边,木船停在水面上。那天阳光明媚,天空湛蓝,一架飞机飞过,在空中画了一张笑脸。这样宁静美好的日子,给人一种生机勃勃的感觉。我和其他几个人抬头望着天空,描摹着飞机画出的形状。过去很多时候,这样美好的时光总会让我想起自己的不幸。仿佛阳光和蓝天与我内心的感受形成了鲜明的对比。但之后我有了一个新的想法:幸福不一定是快乐或充满活力的感受,也不一定是开怀大笑。这些年来,我一直在寻找幸福,却没有找到一个永久的幸福源泉。但那天早上,我突然发现幸福可以是平静或安宁。幸福可以是内心的平和。那天早上,当我站在河边时,我意识到我们许多人可能终其一生都在等待这种能量和喜悦在身体里涌动的感觉——如果没有得到,就

会认为自己不幸福。所以你会继续追寻幸福,你会尝试用你看到过的方法让自己更幸福。如果没有如愿,你就会失望。

其实,幸福可以很简单。幸福可以只是感觉不到身体的任何疼痛,这一点我妹妹可以证明。她生病了,她的身体持续疼痛,并经受呼吸困难和疲惫的折磨。当她感觉好些的时候,心情就会变得好起来。她对我和我父亲说:"你们不用忍受痛苦,应该感到幸福。人在没有病痛的时候,不会意识到自己有多幸运。"

幸福也可以是轻松自在,出门散散步。当我们降低标准时,我们对自己感受的期望值也会降低——这反而会让我们感觉更好,也会更幸福。那天这个小小的发现,对我来说是一次深刻的顿悟,从那以后,我再也没有回望过去。

苏西的故事告诉我们,我们在人生旅途中可以去追求这种简单的状态。有时我们只是在自寻烦恼,比如,我们会期望自己能获得某种感受,如果希望落空,就感到绝望。但其实，当我们回归生活的初始状态时，幸福和希望就会再次涌现。想要身心达到完美的健康状态，我们应该崇尚简单质朴的生活方式。

有些日子确实过得很糟心，但如果我们能领悟简单的本质，意识到能够出门散步或者能够感受到内心的平静也是我们可以追求的目标，那么黑暗的日子就会变得更容易忍受一些。而我们也会再次感受到希望的曙光。

结语

本章内容让我们明白了希望的重要性，无论有多困难，希望永远存在。有了希望，我们就不会在前进的过程中迷失；有了希望，我们就不会虚度光阴。希望能够降低早亡的风险，还能带给我们幸福的感受。感受到希望，你就有了朝着人生目标前进的动力。你会觉得，尽管人生此时坎坷，但一切皆有可能，并且终将会有所不同。你能够采取行动来改变事情的进程。你为自己插上了飞向更美好、更光明的未来的翅膀，等待你的是一条重燃斗志、治愈创伤的阳关大道。

第 11 章

放弃无益的思维方式，
你的人生会更精彩

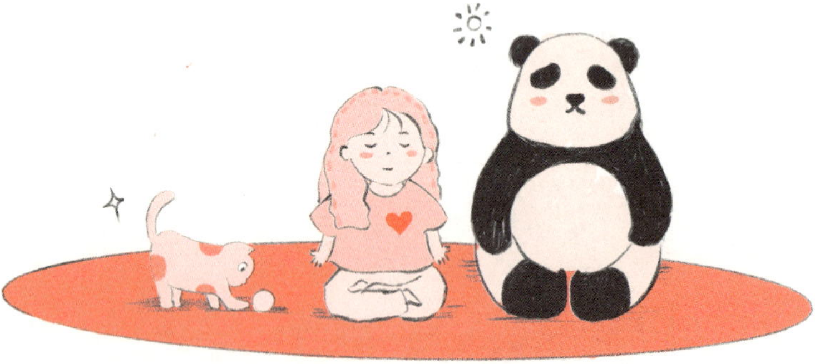

我们已经了解了如何让明天更美好的四个阶段以及相应的策略。现在，是时候把注意力转向希望的策略了。

应急策略

当我们在生活中栽了跟头时，就有可能会丧失希望。下面有两条简单好用的策略，可以帮助你走出阴霾，迈出东山再起的第一步。

⊙撕掉标签。表达方式很重要，所以即使没有人在听，我们也应该谨慎表达。我们如何给自己贴标签或如何描述自己，会对我们的心理产生重大影响。

消极的标签让你无法充分发挥自己的潜力。例如，你可能会对自己说"我不够聪明""我很笨"。如果我们把这些负面标签贴在自己身上，天性就会怂恿我们去兑现标签上的描述。我们想向自己证明，我们的行为符合我们自己选择的自我限制的标签。这会导致我们裹足不前。解决的办法就是撕掉标签。你要意识到，不管是骂自己还是用别的负面词语形容自己，都是你成长路上的障碍。

⊙发挥创造力，寻找解决方案。当你发挥创造力的能量时，你会发现解决问题或者找到前进的道路有多种方式。如果你目前正面临一个问题，你要知道你有不止一种选择。虽然这似乎是显而易见的，但如果我们感到麻木，觉得压力很大，或者面对生活中的种种困难，往往就会忘记这一点。如果我们能发挥创造力，就有了希望，也更有可能找到可行的出路。

本章将着眼于希望的策略，尤其是如何识别出无益的思维模式。放弃无益的思维模式，就是为希望腾出空间，为未来找到更多的出路。

这些年来，我和上百人谈论过他们的心理健康和幸福，在这一章，我将概述最常见的消极思维模式，包括我们对自己说的无益之词。我们还会探讨可以用来克服消极思维模式的策略。当我们放下这些无益的思维模式时，就能获得希望，就能更接近我们想要的生活，就能从伤痛中走出来。

长期策略

你可以使用以下策略来击败有害的思维方式，找到宁静和和平，唤醒希望的力量。

1. 放弃"让事情合乎期望"的执念

人们可能会执着于某个观点，比如"我不擅长处理人际关系"，并寻找支持这个观点的确凿证据。即使你发现了与之矛盾的证据，还是会想方设法"让事情合乎期望"。你还可能会歪曲新的证据来支持既定的观点。

那么，如何改掉这个习惯呢？关键是要明白：我们不需要追求一致性。假如你加入了一个社团——例如合唱团或者跑步俱乐部。其间，你有过一次不愉快的经历，于是你决定再也不去了。然而，过了一段时间，有人告诉你这个社团有了变化，现在非常有趣。但是你对自己承诺过永远不会回去，你不想放弃这个承诺。你不想放下既定的观点。但是，我们对生活中的任何人或任何事的感受都没必要始终如一、一成不变。我们也不必总是坚持自己固有的观点，不必死板地限定对自我的认知。我们的个性不是一潭死水，而是动态运行的。

2. 远离情绪推理

你想知道如何增强内在力量，重新对生活充满希望吗？一种方法是合理使用情绪。虽然情绪有时是有益的，但我们应该警惕过度依赖情绪。虽然情绪有时可以帮你决定采用哪套方案，尤其是必须快速做出决定的时候，但情绪也可能把你引入错误的方向。所以，关键看当时的情境。

举个例子，深夜，你走在一条无人的小路上，突然听到身后传来脚步声。恐惧穿透了你的身体，逼得你加快脚步，寻找最近的安全地点。这时你感受到的恐惧情绪是有益的：它刺激你立即行动起来，尽你所能保护自己远离潜在的危险。但是，用情绪指引你的生活，靠情绪做出日常决定，都是有害无益的。

比方说，你觉得有同事在背后说你的闲话。你没有任何证据表明确有此事，这位同事也一直对你很好，但你内心的某个东西逼着你去猜疑。没有真凭实据，只是一种情绪。可能是因为过去有人背叛了你，这件事给你的创伤还留在你的脑海里。虽然你换了工作，但还是会警惕不利于你的事发生。这种猜疑的情绪对你是有害的——你担心同事说你坏话，没办法集中精力工作。在这个例子中，对同事的猜疑是无益的，尤其是在没有任何证据的情况下。这种猜疑还可能有损你的幸福感，影响你在新的工作岗位上做出成绩。

解决办法就是要记住：感觉不是事实。

虽然我们会被情绪引导，但我们必须记住，一定要看看摆在我们面前的事实和证据。不妨问问自己：这种情绪合理吗？眼前的硬数据说明了什么？在权衡情绪与事实时，我们会更有掌控感，并且获得一种客观的立场和内心的平静。这将有利于我们奋勇向前，追求新的目标，而不是让眼前新的工作或新的机会岌岌可危。

感觉不是事实。

3.不要说"总是"和"从不"

另一个阻碍我们个人成长和对美好未来怀抱希望的做法是使用"总是"和"从不"等词语。"总是"和"从不"这类词对我们的幸福和我们与他人的关系都是有害的。比方说，你和伴侣发生了口角，你可能会指责对方："你从来没这么做过。"把话说得太绝会让对方感到沮丧和愤怒，并可能导致你们关系紧张。或者，你可能会告诉自己"我从来都不够好"或"我总是把事情搞砸"。这会让你闷闷不乐，甚至失去坚持下去的动力。

所以，当你落入这个陷阱时，一定要多加留意。要对自己多一些理解，多一些怜惜。你之所以用这种方式表达，有两个原因：

（1）完全是出于习惯。因为你的父母就是这样和你交流的，你在不知不觉中就学会了。

（2）你往往会把事情往坏处想。你会戴着"有色眼镜"看待未来。你会对自己说"我永远也找不到可以在一起的人了"，或者"我再也不会快乐了"。这种太过极端的话简直就是灾难。

但是，当你能怜惜自己时，使用极端语言的理由就变得无关紧要了。你会发现，当朝着不同的方向迈出新的一步时，只要对自己有耐心，就能摆脱过去的模式。

4.击败有害的想法

我希望你能把那些消极或有害的想法列出来。它们通常会出现在以下场景中：

⊙爱说"如果……就好了"，然后责怪自己。比如，"如果我跟着直觉走就好了，我就不会搞成这样了。""我要是再努力一点就好了，我就不会失去朋友、房子和工作了。""如果……就好了"这种表达方式为自我批评提供了肥沃的土壤（比如："我这么做真是太傻了。""我永远不会从错误中吸取教训。"），让你觉得自己很差劲。

⊙ 贬低自己。你可能只关注自己所犯的错误，只看到自己以为搞砸了的重要谈话，而忽视了自己取得的成绩和自身的优点。也许你关注的是自己在社交场合不经意间流露的紧张情绪，而忽视了自己的善行。或者你低估了自己的复原力，低估了自己即使遇到挫折也要拼尽全力走出困境的决心。

⊙ 揣摩别人的心思。你可能会说："她最近没关注我，也没给我打电话。这说明她不喜欢我了。"你自认为摸透了对方的心思，哪怕这个人没告诉过你。

当你自以为知道别人在想什么时，你就会以特定的方式付诸行动，比如回避这个人，或者对这个人表现得不那么友好。这反过来会对你的职业生涯或者个人生活产生负面影响——尤其是当你对这个人的消极想法与实际情况并不相符的时候。它还会影响你内心的平静。某个朋友最近疏远了你，也许不是因为她不想和你在一起，而是因为她家里有事，或者她自己的感情出了问题。在你想揣摩别人的心思时，不妨问问自己以下两个问题：

（1）我真的能确定这是真的吗？
（2）这样想对我有什么好处吗？

在下面的练习中，写下此刻你脑海里的有害想法。然后，关注这些想法对你个人的影响，对你的人际关系、健康或情绪的影响。接下来，我想让你写下一个可以在接下来的一周努力达到的目标，以改变这种消极的思维模式。比如，你可以设定这样的目标："当我感觉有压力的时候，改变我的心理暗示，少批评自己。"下面，把想到的都写下来吧！

击败有害的想法		
有害的思维模式	这对你有什么影响?你有这些想法的时候是什么感觉?	针对每一种有害的思维模式设定一个目标并写下来。
1.		
2.		
3.		
4.		

5.为自己营造宁静祥和的空间

有时,你可能会觉得日子很难熬,希望获得平静与安宁。如果你经历过精神创伤,身心疲惫,这种感觉就会特别强烈。在追求想要的宁静时,无论是心灵的平和还是生活空间的静谧,关键的一步就是要从繁忙的日常生活中解脱出来,卸下负担和压力。你可以使用的一个策略是在你的心灵深处辟出一方庇护所,用于抚慰身心的疲惫。这也能让你体验到一种踏实和充满希望的感觉,让自己的心情更加舒畅。

所以,在你的心灵深处营造一个空间——那是一片宁静的绿洲,那是一个你想逃离喧嚣的尘世时随时都可以去的地方。你可以想象在噼啪作响的炉火旁放一把旧木椅。你坐下来,小睡片刻。你的心也慢慢平静下来。这是一种怎样的平静?你又在哪里感受到这种平静?

在心灵深处营造一个空间,
而你随时都可以造访。

我辅导过的一位年轻女士就采用过这个策略。她来找我是因为被焦虑困扰而难以入睡。我们一起尝试了这个练习。就像建筑工程师盖房子一样,第一步是打地基。她的脑海里出现了一片空地,在这里,她一步一步地盖起了一座房子。然后想象着给这个"家"添置一些家具,"家"里散发着她喜欢的香气,弥漫着她想要的气氛。每当她感到焦虑或者被压力吞噬时,她就会"神游"到这个庇护所,点上炉火,歇一歇,感受内心的平静与安宁。借助这个练习,她恢复了健康。

6.拥抱大自然

我们从许多研究中得知，置身于大自然的确对健康大有裨益，会让你有一种安宁与充满希望的感觉。伦敦大学学院和帝国理工学院在2021年进行的研究表明，住在林地附近对年轻人的心理健康有显著好处。他们对3000多名儿童和青少年展开了调查，发现长时间接触林地对认知发展有积极影响，还能降低青少年发生情绪和行为问题的风险。

事实证明，不仅是户外活动对我们有好处，仅仅是望着窗外的自然风光也有效果。确切地说，户外视觉环境对我们的健康有很大的影响。瑞典查尔姆斯理工大学医疗保健建筑研究中心的建筑学教授罗杰·乌尔里希曾就此进行了相关研究。有一项研究的对象是接受过胆囊手术的患者。其中23名患者被分配到透过窗户可以看见树木的房间，参照对象是另外23名住在无窗房间的患者。罗杰教授检查了每位患者的康复记录，并对两组患者进行比较。研究结果显示，与病房四面是墙的患者相比，能看到树木的患者手术后住院的时间更短，服用的药物剂量也更少。自然景观似乎对第一组受试者有

"治疗效果",有助于他们恢复健康。

把目光投向窗外,望着大树、小草、灌木或流水,我们会感觉积极的情绪像一股暖流注入身体,压力似乎也得到了释放。大自然就是治愈我们心灵的好去处,它让我们再次领略到生命的无限可能性。

如果你没有机会透过窗户看一看大自然,那就去欣赏自然风景的图片。有证据表明,看自然风景的图片也有积极的效果。在一项研究中,30名64～79岁的老年人和26名18～25岁的成年人自由选择观看自然风景或者城市风光的图片,结果显示,选择观看自然风景图片的受试者执行注意力都增强了。

洗个森林浴

当你身处户外时,还可以去洗个"森林浴"。这样做可以给你一种被治愈的感觉。

"森林浴"来自日语"shinrin-yoku",意思是全身心地沉浸在森林里,就像在洗澡一样。调动你

> 的一切感官，让自己沉浸其中。想进行森林浴，需要把无关的东西留在家里。然后在森林里找一个你觉得自己会喜欢的地方，跟着感觉走，让你的好奇心带你去它想去的地方，让周围的气息和景色做你的向导。触摸身边的树木，脱下鞋子，去感受脚底下冰冷柔软的泥土。你当然可以邀请训练有素的森林治疗师来帮忙，但这件事你最好独自完成。按照你自己的节奏来就好。

执行注意力是一种排除干扰的能力，与其他事物一起调节我们的想法。前面提到的研究表明，观看自然风景而不是城市风光的图片对执行注意力有积极的影响。

每当我置身于大自然时，都会再次感受到无限的可能性。我会思考下一步的行动和我对未来的期许。以前的我缺乏远见，只顾盯着眼前的任务，而现在我把视角转向了更为广阔的天地：我会思考自己现在是否快乐，如果事情进展不顺，我能做些什么让自己更舒心。我在大自然中不仅找到了安宁,也找到了希望。

森林浴不仅对心灵有益(减轻焦虑和抑郁症状),而且对身体也有好处。森林浴可以增加自然杀伤细胞的活性,因此对我们的免疫功能有积极的作用。自然杀伤细胞能帮助我们对抗感染和癌症,因此,置身于一个能让人恢复精力、轻松自在的环境有助于改善我们的健康状况。

日本一项对87名糖尿病患者的研究表明,森林浴还有助于降低血糖水平。在这项研究中,受试者被带到森林里散步。他们按要求在出发前做了大约10分钟的伸展运动,以便为后面的旅程做好准备。接着,他们按要求以自己感觉舒适的速度在森林里漫步,或者享受森林浴。其中一些受试者步行了3公里,历时约半小时,其他受试者步行了6公里,历时约1小时。研究结果高度肯定了森林浴对降低这些受试者血糖水平的有益效果。

带着从这项研究中得到的启示,准备享受我们自己的森林浴吧。以下是准备步骤:

(1)查一下你想去的地方,确保那里不受蜱虫侵袭。

(2)结伴而行,注意安全。

（3）出发前做好热身运动：做几次深蹲、弓步压腿，再伸展几次胳膊和腿。

（4）开始进行森林浴时，要慢慢来、放轻松，没必要着急，只需要欣赏周围的风景，聆听大自然的声音。跟着你的感觉走。

（5）以你自己的速度步行至少半个小时。

森林浴有平复神经系统、
保持头脑清醒的功效。

结语

投身大自然，会给我们的健康带来积极的影响。抽出时间去森林散步，可以让我们恢复元气，再次感受到希望与安宁——俗世繁忙，我们也许不太容易找到这种感觉，但我们仍然渴望它。珍惜这种感觉。

第12章

先好起来，
然后变得更好

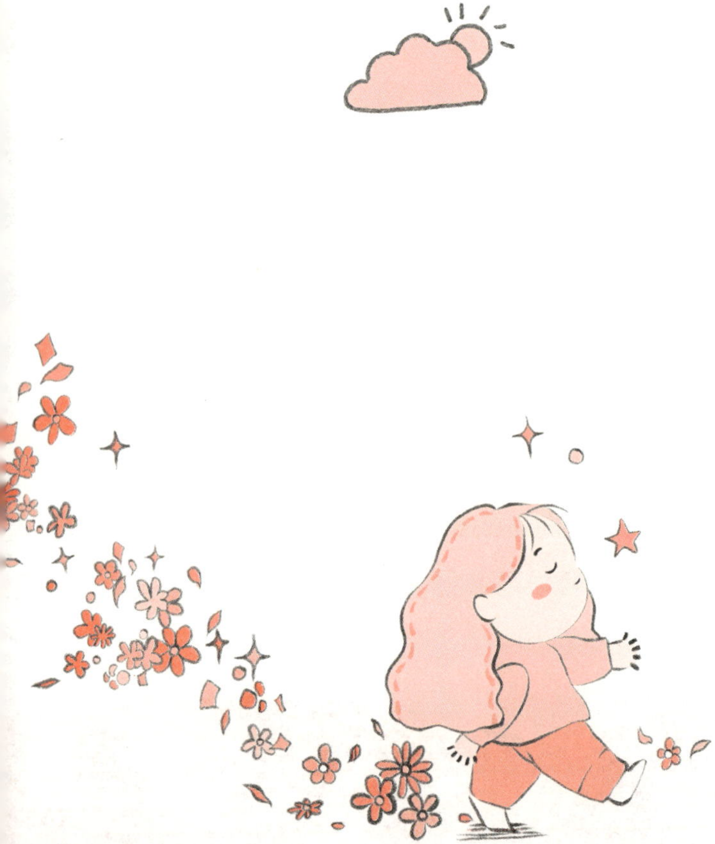

有时候，坏习惯的破坏力惊人，好像它们控制了我们的生活。其他时候，我们又被烦人的小习惯纠缠着，这些习惯会剥夺我们的快乐，消耗我们的精力。要怎样才能摆脱不想要的坏习惯，培养更接近理想生活所需的行为习惯呢？除了前几章提到的策略，本章提到的练习也可以被纳入你未来的长期计划中。

习惯是一种有规律的行为方式，我们常常会无意识地养成习惯。生活不顺心的时候，坏习惯就是推波助澜的"帮凶"。它们会在你的生活中留下印记，消耗你对生活的满意度。

检查一下我们日常生活中的习惯，想想该如何提升我们的幸福感和满足感。

日常生活习惯

在日常生活中,坚持自己的目标、改掉坏习惯、养成好习惯都不容易做到。本章将告诉你坚守目标的策略,以及激励你坚持下去的绝妙方法。

关注即时回报

首先,考虑一下你要实现的目标,确定后再把它写下来,放在你一眼能看到的地方。这个目标可以是找新房子、开始一段新的感情,或者通过日常锻炼强身健体。

可以帮助你朝着长期目标一路奋进的方法,是关注即时回报。

通常,在努力实现某个目标时,我们会想到长远的回报:如果你每天都努力工作,最终会升职;如果你坚持训练,最终能跑完马拉松。设定长期目标可以激励自己,但有时也会让你气馁。所以在确定目标时,可以适当关注即时回报。回报可能是巨大的,你此刻或许还没有意识到——它就像远在天边的一座山:那座山巍峨高耸,但从你站的地方望去,你会觉得它很小很小。这就是为什么人们有时会放弃自己的梦想：因为他们只关注结果。从你所站的位置来看，要走很长一段路才能到达目的地，这会让你失去动力。当你朝着目标努力时，你可能会开始在意消极的一面，比如，锻炼后身体很疲乏，简历写来写去都没什么新意。由此可知，虽然与长期目标挂钩的回报（比如，达到理想的健康水平或者事业有成获得升迁而带来的满足感）确实能激发动力，但有时将关注点放在长期回报上并不能让人轻松。

珍妮特年少时过得并不如意，父母的严苛让她觉得自己不够优秀。快43岁的时候，她想证明自己能坚持目标并持之以恒。珍妮特过去的日子过得有些迷茫，经常需要别人替她做决定。现在，她想做出改变。人到中年，是时候开启新生活了。为了迎接新的人生旅程，她做了一个简单的决定，并付诸了行动：在当地的社区大学报读了一门初级课程。尽管这门课不会对她的职业生涯或个人生活产生太大的影响，但可以让她在一个她想有所收获的领域掌握新的技能。这也是一个证明自己能坚持不懈做成一件事的机会——这是她以前一直在努力达到的目标。

有了这份决断力和执行力,她势必触发一连串的连锁反应,慢慢地将自己从过去的生活中解救出来,抹掉过去的一切,开启新的人生。

珍妮特采用了上述策略——不仅关注最终目标,而且关注即时回报,最后锲而不舍地学完了课程。尽管偶尔也会分心,但她还是坚持到最后,而且成绩非常好。珍妮特对自己很满意。她证明了自己能够下定决心做一件事,而且还做成了。尽管童年不顺,父母不相信她,但她自己可以相信自己。这个策略激发出她的动力,促使她专注于任务,最后实现了自己的目标。

下面我们来探讨策略背后的理论支持。康奈尔大学的一名研究人员凯特琳·伍利找到了一个可以帮助你坚持实现目标的方法。她发现,当人们关注与自己的愿景相关的即时回报时,就算很难做到,他们也会坚持行动。因此,不要只关注目标的长期回报,关注即时回报也是有好处的。它可以是你在当下得到的好处——比如,你在健身房"撸铁"时获得的美好感受,或者你在运动时耳机里传出的美妙音乐。你的长期目标是锻炼出强健的体魄,这也是你去健身房的原因。但通往目的地的道路是由许多个时间碎片铺成的，有很多短暂的时刻能给你带来快速、即时的回报，而我们经常会忽略它们。当你关注即时回报时，你当下的感受就会更有趣。你也能一直朝着既定的目标勇往直前。

也许此刻你用功读书是为了取得好成绩，勤奋工作是为了升职。好成绩或者升职都是长期回报。你还可以关注即时回报，让自己努力时的心情变得更好，比如吃些美味的零食。或者，你也可以在学习的过程中，主动去发现书本里能激发你的兴趣或好奇心的段落。感兴趣或好奇心这类积极的感觉能激发出动力，让你的感受更加愉悦。

伍利发现，如果学生们在学习时得到了即时回报，他们在做作业时会表现出更强的毅力。她发现，听音乐或者吃零食——即时回报——丝毫不影响他们学习。短暂的放纵实际上有助于学生们继续投入学习。

伍利的研究是这样开展的：让一些学生按要求写作业，并告诉他们："你们可以把写作业这件事变得更有趣、更好玩。比如，可以用趣味彩色钢笔或铅笔，也可以一边写作业一边吃零食。你们写作业的时候，我还会放一些音乐。请不要发出声音，快速选定你们想用的趣味彩色钢笔、铅笔或者零食。我会在约好的时间收走作业，所以你们要合理地安排时间。"伍利为学生提供的零食都很健康，零食的发放也并不取决于学生们完成了多少作业或者是否写完了作业。如果他们愿意，也可以晚点再写作业，但照样能分到零食，或者享受快乐的气氛。

还有些学生没有得到任何即时回报，他们被告知："你们必须在课堂上独立完成作业。我会在约定的时间收走作业，所以合理安排好你们的时间。"他们没有收到任何零食、趣味彩色钢笔或铅笔，也没有像第一组的学生那样，在做作业时还能听轻松的音乐。

结果显示，与没有得到即时回报的学生相比，得到即时回报的学生在写作业时会尝试解决更多的问题。

关注即时回报会增强你的毅力。

那些在工作中享受到"福利"的人会表现出更强的

毅力。这表明，你在埋头苦干的时候，如果能体会到即时回报——比如一些刻意制造的乐趣：在工位旁放一支香薰蜡烛，或者听听音乐——你会更有干劲。即时回报会激励你继续脚踏实地地工作。不仅如此，在实现目标的过程中，与延迟满足相比，专注于即时回报更能让你有坚持下去的动力。你可以仔细考虑如何在实现目标的过程中加入即时回报，包括听音乐、吃零食，或者其他方式。当然，即时回报也可以是实现目标的过程本身固有的一部分，你只要注意到它们即可。即时回报也可以是你在实现目标的过程中体验到的愉快或放松的感觉。关键是要意识到它们的存在。

当我因为严重过敏而生病时，连做饭都成了问题（那些日子对我来说简直生不如死：每天晚上醒来，身上莫名其妙地起疹子，不止一次因为无法正常呼吸而被送进医院急诊室，脸也肿得很厉害）。我根本打不起精神给自己做饭，只觉得精疲力竭。但我发现，如果做饭的时候听听本地电台的音乐节目，就没那么难熬了，而且心情也会变得轻松起来。在熬汤或者准备晚餐的时候，我不再关注自己很累这个事实，而是把注意力放在轻松愉快的电台访谈节目和欢快的音乐上。这让我的内心慢慢产生了快乐的感觉,而我捕捉到了这种感觉。有时候,当我做完饭时,甚至舍不得关掉音乐和这种"快乐"。

在生活中,我们经常不得不做一些平淡乏味的事情,如果我们能想办法改善这种状况,就能迎来真正的改变。

从无意识状态切换到有意识状态

旧的模式可以打破。就像新的树根会生长并扎根地下一样,老的树根也会枯萎。我们如何加快老树根的枯萎呢?我们可以从无意识的状态切换到有意识的状态——意识到我们此刻正在做什么,并有意识地考虑下一步的行动。通常情况下,我们不会注意到自己在做什么,因为很多事情我们都是自动自发地去做。但是,一旦你开始关注自己的行为,情况就会随之发生改变。如果你正在处理一个棘手的问题,不妨多留意当下的情况。比如,你的计划被搁置了吗?在生活不顺心的时候,重要的是要给自己留出时间,疗愈伤口。而当我们觉得能够再次向前迈出一步的时候，就激发出意识的力量，有意识地去关注自己的生活模式——现在的生活怎么样了？一天的时间都是怎么安排的？

凡事有计划让我们不至于心态崩塌。如果你觉得自己的生活杂乱无序，就要想办法让它重回正轨。从无意识状态切换到有意识状态。对于日常生活中的小事也可以做到心中有数，比如使用社交媒体的习惯、打发空闲时间的方式，或者留意自己有没有喝够水、保证水分摄入，等等。

> 凡事有计划让我们不至于心态崩塌。

我的一位学员卸载了手机上的社交软件，因为她想解决刷手机上瘾的问题。但她仍然允许自己在笔记本电脑上浏览视频网站。她发现自己每天早上都要看视频——这是她的习惯。她会靠在枕头上，然后打开笔记本电脑开始看视频。有一天早上，就在她准备开始工作之前，她意识到自己又想看视频了，于是就忍住了。那一刻，她故意停顿了一下，意识到自己接下来的举动。那一刻，她从无意识状态切换到了有意识状态。她从自动自发的状态转向了有意识地关注自己下一步动作的状态。这件小事之后，她下定决心，就算突然想刷视频或者感到无聊，她也不会再上网了，而是选择有意识地去做别的事情，比如，站起来做做伸展运动、出门散散步，或者给自己做一顿美味的早餐。

当天晚上为第二天制订好计划

除了要切换状态，我们还要做到有明确的计划。你可能也发现了，每当你着手做或者不做某件事时，只要你给自己一个明确的方向，就更有可能坚持下去。比如，我的一位学员会告诫自己"明天从早上9点到晚上12点都不查收邮件"，以此确保自己专注于重要的事务。这样一来，她第二天就过得相当顺利。凡是涉及不做或者少做某件事时，你一定要在前一天晚上确定好自己是否会实施。同时，具体化也很重要。例如，如果你刷社交媒体的时间过多，不妨在前一天晚上就告诉自己，明天用多长时间刷手机，并定下确切的时间段（比如，"我会在午餐时间，也就是中午12:30—13:00查看社交媒体，下班后17:00—17:30再查看一次"）。定好时间更容易把少看手机这件事执行下去。前一天晚上就把计划交代清楚，到了第二天，你就不必临时再做决定，只要跟着计划走就行了。

把计划大声说出来或者写下来。这不是给自己制造压力，而是提醒自己已经选好了路，并帮助自己不走岔路。

重构习惯的正确操作：把新行为当成乐趣而不是工作

说到习惯，还有一个有用的策略是重构。重构就是改变你看待重要问题或潜在挫折的角度。努力改变你看问题的方式，切忌戴着有色眼镜把问题往坏处想，而是尝试用更为积极的眼光去看待它。打个比方，假设你因为工作原因必须搬家，这就是一次重构的机会。虽然搬家很麻烦，还会给你带来压力，但你要想到搬家也是有好处的，比如你可以结识新朋友，有新的地方可以探索，有机会开始新生活。当你改变过去的视角，以一种全新的、更积极的方式看待某件事时,你的心情也会变得豁然开朗。

如果你想改变旧的习惯,不妨采用重构策略先改变你对新行为的看法,再把它变成习惯。当你需要激发意志采取某种行为时,可以先重构你对该行为的看法。我们对自己所做事情的看法会对我们产生影响。

如果我们选择实施某个新行为,并把它看成工作,那么改变起来就会很难。它会消耗我们的内在力量,让我们对自己失去掌控感,更难继续追逐我们的目标。而反过来,如果你选择把新的行为视为乐趣,效果就会好得多。了解这一点对养成习惯很有帮助。例如,不要把与陌生人的交往看作伤脑筋的事,而把它看作角色扮演。其实,我们每个人都在扮演一个角色:有的人老于世故,有的人无忧无虑、爱开玩笑,有的人生性爱玩。每个人都在向世界展示自己明确的人设,这个人设符合他们对自己的定位。想想你要扮演的角色是什么,你喜欢演什么角色,确定了之后,就去享受扮演这一角色的乐趣。

想想你生活中的不同领域和你所扮演的不同角色。

怎样做才能让这些角色变得更有趣?怎样做才能让生活更愉快?角色扮演的想法本身就能让你在生活中感受到无穷的活力。就像穿衣服一样。一件T恤很舒适,你穿了无数次,现在把它换掉,换一件能让你一整天都保持精神抖擞状态的衣服如何?也许换成你新买的那件漂亮毛衣——是时候让它登场了。想办法好好享受当下的美好生活。

把你想做的事当成乐趣,你会更有活力,你的内在力量也会更充沛。

结语

习惯是我们日常生活的一部分。许多事情我们都是凭借习惯自发完成的。如果习惯是消极的,或者使尽浑身解数也改不掉,我们的幸福感就会流失。如果你想改掉旧习惯,记住:别着急,慢慢来。有时候可以暂时停下来，想想下一步该怎么走，然后用好本章提到的策略，前方的路你会走得更加稳健。如果你开始思考如何养成新的好习惯，读了本章之后，你会知道如何朝着更自由的方向前进，如何过上更满意的生活。

后记

在这本书里，我们谈到了创伤，还谈到了我们的行为如何阻碍我们前进。不管你正在经历什么，研究结果都会告诉你："科学证明希望是存在的。"

我想在本书结尾处做个总结陈词。

挫折或创伤往往会激励你成长。虽然这些人生经历令你心有余悸，但它们也是一记警钟，敲打着你去重新评判生活的重心。这些经历，让你有机会与别人建立更有意义的关系，让你有机会把更多的精力投放到真正有价值的目标上。

经历挫折，纵然会让我们情绪低迷，但其实这也是一个契机，可以让我们改变自己对世界的认知方式，以及我们看待自己的方式。我们得以感受到积极的情绪，获得精神上的成长。我们会更加感恩生活，并且意识到新的可能性。我们的个人力量得到了强化。即使是命运极度坎坷、尝尽了生活之苦的人，比如那些被诊断患有重病或遭受过虐待的人，也让我们看到了他们精神上的成长。

生活中的风风雨雨不但难挨，还会无情地消耗我们的幸福感。在风雨之后，如果你能想方设法去修补这个破碎的世界，你就能意识到自己的力量。你会意识到，你可以做到，即使以前你并不这么认为。因此，如果你有机会重新认识自己，怀抱着希望勇闯难关，你就拥有了一艘救生船，让它带着你到达疗愈之地，让你的生活重回正轨。

致谢

感谢玛丽安·塔特珀对我的信任,让这本书的构想能成真。真诚地感谢出色的编辑茹·梅里特,感谢你的无私奉献和提供的宝贵建议,让我写成了这本书。也非常感谢埃伯里出版社的编辑经理杰斯·安德森——谢谢你一直以来对我的支持,鼓励我按照自己的构想写作。和你们合作真的很愉快,我很享受这一路上的每一个瞬间。我还要感谢贝基·亚历山大,她是这本书优秀的文字编辑,她富有洞察力的评论和编辑对本书的成形有很大的帮助,我很高兴能够与她继续合作。我也很高兴能成为"快乐之地"的一员,在此深表感谢。很开心去年夏天能在"快乐之地"音乐节认识你——菲妮·科顿。感谢所有参与本书出版的工作人员,包括莉齐·格雷、道璐伊·邓加、雷切尔·约翰逊、丹妮拉·梅斯特里纳、凯蒂·克莱格和雷切尔·约翰逊。感谢埃伯里出版社和企鹅兰登书屋。

感谢我的父母和祖母,感谢你们一直以来对我无条件的爱和支持。还要感谢菲利普·西勒在我需要的时候伸出援手。

感谢"心理推进实验室"的歌曲《仍在等待》。这是一个具体的案例,讲述了一个人经历创伤并通过艺术表达积极应对的故事。

我还要感谢剑桥大学所做的一切:为一些最聪明的人铺平了道路,让他们在研究、教学和创新方面作出贡献。我真的深受启发,也很荣幸成为其中的一员。非常感谢与我共事的同僚,包括路易斯·拉福蒂纳博士和卡罗尔·布雷恩教授,以及我在欧洲诺福克癌症前瞻性研究团队合作过的所有人(这段经历是我最美好的回忆)。